云计算环境下数据库应用与优化研究

颜　菲　于　隆　冉　明　著

吉林科学技术出版社

JiLin Science & Technology Publishing House

图书在版编目（CIP）数据

云计算环境下数据库应用与优化研究　颜菲，于隆，冉明著. — 长春：吉林科学技术出版社，2019.8
ISBN 978 - 7 - 5578 - 5980 - 0

Ⅰ．①云… Ⅱ．①颜… ②于… ③冉… Ⅲ．①数据库系统—研究 Ⅳ．①TP311.13

中国版本图书馆 CIP 数据核字（2019）第 167162 号

云计算环境下数据库应用与优化研究

UNJISUAN HUANJINGXIA SHUJUKU YINGYONG YU YOUHUA YANJIU

著　　者　颜　菲　于　隆　冉　明
出 版 人　李　梁
责任编辑　吕东伦　郑宏宇

开　　本　710　m×1000mm　1/16
字　　数　266 千字
印　　张　15.25
印　　数　1—10000 册
版　　次　2019 年 8 月第 1 版
印　　次　2022 年 8 月第 2 次印刷

出　　版　吉林科学技术出版社
发　　行　吉林科学技术出版社
地　　址　长春市生态大街与福祉大路交汇出版集团 A 座
邮　　编　130000
发行部电话/传真　0431—81629529　81629530　81629531
　　　　　　　　　81629532　81629533　81629534
储运部电话　0431—86059116
编辑部电话　0431—86037574
网　　址　www.jlstp.net
印　　刷　北京四海锦诚印刷技术有限公司

书号　ISBN 978 - 7 - 5578 - 5980 - 0
定价　80.00 元

前　　言

　　数据库是信息系统的一个重要组成部分，携带着大量资料和数据。近些年，随着互联网的发展、大数据时代的来临，数据格式的日益多样化，数据容量指数形势的增加，企业的数据环境也接近极限。数据维护和管理工作变得越来越繁重，数据库管理人员也变得难以承担重负。因此，要解决数据容量和数据管理的不足，云计算环境下的数据库设计、应用与优化逐渐被大众所重视。云计算是一种基于互联网计算，在其中共享的资源，软件和信息以一种按需的方式提供给计算机和设备，就如同日常生活中的电网一样。云计算的优点是节约成本资金，公司的网络设备机器和大型服务器还有技术人员均可以共享，这样能降低成本节约资金。云计算的应用不可以从数据库中分离出来，但传统的数据库应该较好地兼容云计算这种新的模式，如虚拟化，资源管理，资源配置，可扩展性等。

　　云计算环境下的数据库的计算能力较为强大，采用分布式存储方式，云计算把庞大的计算任务和资源分布在云端更强大的计算机上，实现了高速和充分利用资源。关系型数据库与云数据库相比有一定的劣势：高并发读写时速度较慢，关系型数据库勉强可以应付上万次 SQL 语句的查询，但是硬盘往往无法承担。支持容量有限，效率较低且扩展性比较差，建设和运营维护成本较高。但是云数据库也有其自身的缺点，例如公有云，数据传输取决于网络带宽，不适合处理大数据级别公司的应用；目前较为流行的 NoSQL 数据库无法满足大量关系数据库需求，云计算环境下的数据库也不能解决公司的数据保密性，公司自身建立私有云，必须集中资源为各个子公司和分部门服务，只有大公司才有足够的实力来执行，云服务的客户将不再关心云服务模式逐渐普及下的数据库，数据库供应商将会主要面对云服务提供商。微软和甲骨文，都已经开始推出了云数据库产品，新产品也同时是传统数据库的延伸和扩展，云数据库和传统数据库密不可分，不断发展中的传统数据库给云数据库的客户提供更加完备的支持。

　　基于以上各种因素，作者撰写了《云计算环境下数据库的应用与优化研究》一书。全书共六章，主要内容涉及绪论、云计算环境下的虚拟化技术、云计算环境下的数据库基础、云计算环境下数据库的应用与实现、云计算环境下数据库优化研究、云计算环境下的数据安全与恢复技术研究。

由于作者水平有限，书中疏漏之处在所难免，敬请广大读者批评指正。

著　者
2019 年 6 月

目　　录

第一章

云计算环境与数据库概述

第一节　云计算概要

一、公共云计算、私有云计算和传统 IT 系统

　　未来不会只有一个云计算平台，而是按照业务、行业和区域形成多个云计算平台。正如互联网是多个网络的网络，云计算平台也会是多个云计算平台的网络（cloud network），各个平台包含了多类应用和服务。此外，私有的云平台也会长期存在，它们为一个政府部门、大型公司、企业或机构所拥有。表 1-1 比较了公共云计算和私有云计算的区别。

表 1-1　公共云计算和私有云计算的区别

公共云计算平台	私有云计算平台
服务提供者所拥有和管理	云计算所服务的客户所拥有，客户自己管理或服务提供方代为管理
在互联网上，所有客户都可以通过服务订购的方式访问	在客户的防火墙后面，只有客户和其合作伙伴才能访问
标准的服务，客户按照使用量（如多长时间、多少用户等）付费	往往包含高成本的私有功能

我们来看几个实际的例子。国家在几个城市试点政府云，如无锡城市云平台就是一个政府云，这是一个公共云计算平台。一些行业在做行业云，如环保行业的环保专用云平台，这是一个私有云计算平台。当然，公共云计算平台不等同于政府云平台，它也可以提供给企业，如智慧企业系统可以为区域内的上千家企业客户提供公共云平台，帮助这些企业实现业务往来和本身的企业管理。

行业云一般提供具有行业特征的云服务。比如环保行业云的数据挖掘服务是对大量实时和历史环保数据的高性能计算和数据挖掘，准确判断环境状况和变化趋势，对环保危急事件进行预警、态势分析、应急联动等计算任务提供准确的结果，并能评价环境状况，预测未来环境状况变化趋势。

三种模式并存有其客观原因，例如，一些大型企业（如 IBM）不允许员工把公司文件或者工作文件放到公共云计算平台上。因此，私有云将长期存在。在相当长的时间之内，三种模式将一起为企业提供软件服务。但是，随着云计算的普及，越来越多的传统 IT 系统向云计算模式发展。

二、云服务中心

对于一个行业的云计算平台，云服务中心提供该行业的完整服务（即行业应用软件）；如果是一个政府的公共云计算平台，那么，服务中心提供综合服务平台。

云服务中心应该采用 SOA（面向服务的体系架构）。SOA 是软件设计、开发和实施方式的一个巨大的变革，是设计和实施云服务的最有效的方法。企业的业务处理往往比较复杂，SOA 打破了这个复杂性，实现了软件的组件化，合理分割组件和组件的抽象化。在 SOA 上，各个独立的"服务"组合成子系统，从而提供了随需应变的服务所需要的动态机制和灵活性。

（一）SOA

SOA 是英文 Service Oriented Architecture（面向服务的体系架构）的 3 个开头字母的缩写。SOA 是一种高层的架构模型，是一种软件设计方法。SOA 是一套构建软件系统的准则。通过这套准则，我们可以把一个复杂的软件系统划分为多个子系统（业务流程）的集合，这些子系统之间应该保持相互独立，并与整个系统保持一致；而且每一个子系统还可以继续细分下去，从而构成一个复杂的企业或行业级架构。智慧环境的 SOA 架构如图 1 - 1 所示。

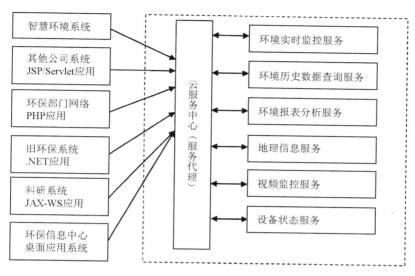

图 1 - 1　智慧环境的 SOA 架构

（二）Web 服务

Web 服务就是在 Web 上按照某个规则来访问的软件服务。很多云服务都是 Web 服务，Web 服务本身可以实现一个业务流程。Web 服务解决了互操作性问题：Web 服务和其调用者可以使用不同的操作系统，不同的编程语言和不同的体系结构。

Web 服务是包括 XML、SOAP、WSDL 和 UDDI 在内的技术的集合。实现 Web 服务的方法很多，比如，使用 J2EE 中的 JAX - WS 和 JAXB 等技术来实现。从现有的 Java 类转化为 Web 服务非常简单，只需要在类的前面加上"@WebService"注释即可。如果开发新的 Web 服务，可以采用自上而下的方法：设计人员创建一个 WSDL 文件来设计 Web 服务，让开发工具根据 WS-DL 信息自动生成 Java 类（如 EJB），开发人员再在这些类上添加业务逻辑。对于调用 Web 服务的程序来说，很多开发工具都能自动生成调用服务的代码。

（三）SOA 和 Web 服务的关系

Web 服务的互操作性等技术特征都是 SOA 系统所要求的。因此，现在有很多系统设计人员和开发人员简单地把 SOA 和"Web 服务"技术等同起来。本质上来说，SOA 体现的是一种系统架构，可以使用 Web 服务来实现 SOA

系统。但是，Web 服务并不等同于 SOA。SOA 服务和 Web 服务之间的区别在于设计。SOA 并没有定义服务交互的物理模式，而仅仅定义了服务交互的逻辑模式。但是，Web 服务在需要交互的服务之间如何传递消息有具体的模式（如通过 HTTP 传递 SOAP 消息）。从本质上讲，Web 服务是实现 SOA 的具体方式之一。除了使用 Web 服务来实现 SOA 服务外，我们还可以使用 CORBA 等方式。

Web 服务是针对特定消息的传递，它定义了实现服务以及与它们的交互所需要的细节。SOA 是一种用于构建分布式系统的方法，采用 SOA 这种方法构建的分布式应用程序可以将功能作为 Web 服务交付给终端用户，也可以构建其他的服务。即 SOA 可以基于 Web 服务，也可以基于其他的技术方案（如可以在 HTTP 或 JMS 上使用 XML 来实现相似的结果）。

虽然 Web 服务解决方案和 SOA 都包括了服务请求者（客户端）和服务提供者（服务器），但是 Web 服务是通过 SOAP（XML 消息传递）来通信。Web 服务使用 Web 服务描述语言（WSDL）描述服务请求者和提供者之间的联系。Web 服务标准是一个内部软件与外部软件交互的最佳方法。

第二节　云计算的体系结构

计算不仅仅只在应用软件层，它还包括了硬件和系统软件在内的多个层次。简单来说，云计算包含三个层次：云服务、云平台和硬件平台。

在云计算产品上，不同厂商的侧重点不同。如 IBM 的 SmartCloud 和亚马逊的 EC2 主要是一个云计算的硬件平台（硬件作为一个服务），Google 的 Application Engine 主要是一个云平台，Salesforce 则是云服务的提供商。硬件平台和云平台为高性能计算、海量信息存储、并行处理、数据挖掘等方面提供可靠的支撑环境。

一、硬件平台（数据中心）

硬件平台是包括服务器、网络设备、存储设备等在内的所有硬件设施。它是云计算的数据中心。很多人往往忽视硬件平台在云计算上的重要性。其实，只有当硬件平台具备用较低的成本来实现大规模处理量的能力时，整个云计算才能为用户提供低价的服务。另外，硬件平台毕竟是一大堆设备，所以，硬件设备所需要的资源（如电）的收费也需要考虑进去。对于那些想要做硬件平台的 IT 企业来说，可能需要考虑设备的价格、电费、当地的温度（机器不能太热）、管理人员的成本等各类因素。

二、云平台

云平台首先提供了服务开发工具和基础软件（如数据库），从而帮助云服务的开发者开发服务。另外，它也是云服务的运行平台，所以，云平台要具有 Java 运行库、Web 2.0 应用运行库、各类中间件等。最重要的是，云平台要能够管理数据模型、工作流模型、具备统一的安全管理、存储管理等，云平台要能够集成多个应用系统。比如，加拿大 Telus 电信公司花费 570 万美元购买一个云平台，用于集成电信公司内部的多个系统到同一个平台，并通过平台与 Salesforce 集成，为客户提供更好的服务。

云平台提供商和硬件平台提供商一起构筑一个大型的数据和运营中心。用户不再需要建立自己的小型数据中心。虽然"用多少付多少"的方式不能从单个用户上获得很多收益，但是，用户的数量优势将帮助平台提供商最终实现盈利。

三、云服务

云服务是指可以在互联网上使用一种标准接口来访问的一个或多个软件功能（如企业财务管理软件功能）。调用云服务的传输协议不限于 HTTP 和 HTTPS，还可以通过消息传递机制来调用，我们建议使用 Web 服务的标准来实施云服务。

云服务有点类似于在云计算之前的 SaaS（Software As A Service，软件即服务）。大多数人对"软件即服务"的概念并不陌生。服务提供商（IT 公司）只需要在几个固定的地方安装和维护软件，而不需要到客户现场去安装和调试软件。客户可以通过互联网随时随地访问各类服务，从而访问和管理自己的业务数据。云服务同软件即服务的区别是：在"软件即服务"的系统上，服务提供商自己提供并管理硬件平台和系统软件；在云计算平台上的服务，服务提供商一般不需要提供硬件平台和云平台（系统软件）。这是云服务和"软件即服务"的一个主要区别。或者说，云计算允许软件公司在不属于自己的硬件平台和系统软件上提供软件服务。这对于软件公司来说，是一件好事：软件公司将硬件和系统软件问题委托给云平台来负责了。

从更广泛的角度来说，云计算包含了如图1-2所示的体系结构。企业作为云服务的客户，通过访问服务目录来查询相关软件服务，然后订购服务。云平台提供了统一的用户管理和访问控制管理，一个用户使用一个用户名和密码，就可以访问所订购的多个服务。云平台还需要定义服务响应的时间。如果超过该时间，云平台需要考虑负载平衡，如安装服务到一个新的服务器上。平台还要考虑容错性，当一个服务器瘫痪时，其他服务器能够接管。在整个接管中，要保证数据不丢失。多个客户在云计算平台上使用云服务，要保证各个客户的数据安全性和私密性。要让各个客户觉得只有他自己在使用该服务。服务定义工具包括使用服务流程将各个小服务组合成一个大服务。

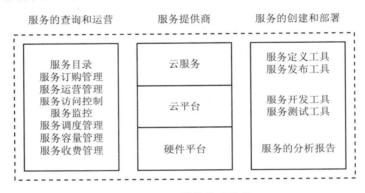

图 1-2　云计算体系结构

第三节　国内外云计算应用现状

一、国内外云计算应用现状

云计算广泛采用虚拟化、分布式存储、并行计算、动态资源分配等先进技术，具有巨大的规模经济效益，在大规模数据挖掘中优势明显。在各国云计算应用不断发展的同时，我国也大力推动云计算相关产业的发展。

中国是在2008年引进云计算概念的。中国的云计算发展主要分三个阶段：准备期（2007—2010年）、起飞期（2010—2015年）和成熟期（2015年以后）。

经研究，国家发展改革委、工业和信息化部拟按照自主、可控、高效原则，在北京、上海、深圳、杭州、无锡 5 个城市先行开展云计算创新发展试点示范工作。遴选 12 个云计算重点项目并对其给予规模高达 15 亿元的资金支持。

下面我们介绍下国内代表性云计算平台。

（一）中国移动"大云"

中国移动的"大云"计划，有两个目的：①为满足中国移动 IT 支撑系统高性能、低成本、高扩展性、高可靠性的 IT 计算和存储的需要；②为满足中国移动提供移动互联网业务和服务的需求。

（二）新浪云计算

新浪公司是国内首家进行云计算的研究企业。新浪公司的研发中心专门成立了新浪云计算部门，它主要负责新浪公司云计算领域的发展规划、技术研发以及平台的运营工作。目前新浪云计算业务主要有云应用商店、应用开发托管以及新浪云计算企业服务。云应用商店如图 1－3 所示。

图 1－3　云应用商店

（三）盛大云平台

盛大公司表示盛大云已经在国内的 IaaS 层面上做好了领先性的工作，并且盛大云目前已经投入到商业的运用中。通过官方的信息了解到，目前盛大云已经先后推出了云主机、云硬盘、云分发、云存储、云监控、网站云、数据库云等多个云产品，如图 1－4 所示。

图1-4　盛大云

二、国外云计算应用现状

全球云计算产业虽处于发展初期，市场规模不大，但将会引导传统 ICT 产业向社会化服务转型，未来发展空间十分广阔。国外云计算应用发展较迅速的国家如美国、欧盟、澳洲、日本、新加坡等，其云计算生态环境现状如图1-5所示。

图1-5　国外云计算生态系统现状

下面我们介绍下国外代表性云计算平台。

（一）微软公司云计算战略

微软公司的云计算发展战略主要包括三大部分，分别是委员运营模式战略、合作伙伴运营战略以及客户自建模式战略。微软云计算架构如图 1 - 6 所示。

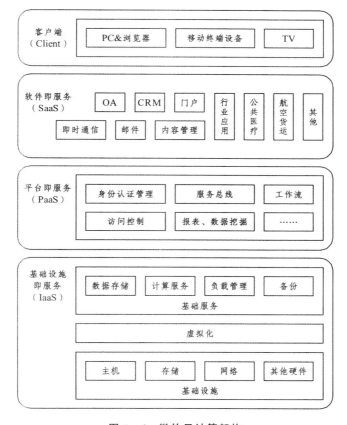

图 1 - 6 微软云计算架构

（二）Google 云应用

Google 是当前最大的云计算使用者，Google 中典型的应用都是云应用。如 Google 地球、Google Driver、Google 浏览器、Google 在线文档、Gmail 邮箱、Google 演示文稿等，共计 15 款 Google 云应用。Google 云应用如图 1 - 7 所示。

图 1 - 7　Google 云

（三）IBM 云应用

IBM 在 IaaS、PaaS、SaaS 3 个层面都有方案推出，都包含公有云、私有云和混合云。近两年来，IBM 的"智慧"战略如火如荼，智慧地球、智慧城市、智慧通信、智慧医疗……一切都是智慧的，IBM 智慧的云计算也是其智慧战略的重要组成部分，其云智慧正不断向云计算领域延伸。IBM 云计算6＋1解决方案如图 1-8 所示。

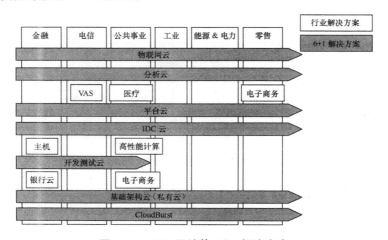

图 1 - 8　IBM 云计算 6＋1 解决方案

第四节　数据库的相关知识

一、数据与数据库

(一) 数据

一提到数据 (Data)，人们在大脑中就会浮现像 50、3、0、−50 等数字，认为这些就是数据，其实不然，这只是最简单的数据。从一般意义上说，数据是描述客观事物的各种符号记录，可以是数字、文本、图形、图像、声音、视频、语言等。从计算机角度看，数据是经过数字化后由计算机进行处理的符号记录。例如，我们用汉语这样描述一位读者"王建立，男，年龄 18 岁，所学专业为计算机"，而在计算机中是这样表示的：(王建立，男，18，计算机)。将读者姓名、性别、年龄和专业组织在一起，形成一个记录，这个记录就是描述读者的数据。

数据本身的表现形式不一定能完全表达其内容，如 1 这个数据可以表示 1 门课，也可以表示逻辑真，还可以表示电路的通等。因此，需要对数据进行必要的解释和说明，以表达其语义。数据与其语义是不可分的。

(二) 数据库

在日常工作中，人们会获取大量数据，并对这些数据进一步加工处理，从中获取有用的信息。在加工处理之前，一般都会将这些数据保存起来。以前人们利用文件柜、电影胶片、录音磁带等保存这些数据，但随着信息时代的来临，各种数据急剧膨胀，迫使人们寻求新的技术、新的方法来保存和管理这些数据，由此数据库 (DataBase，DB) 技术应运而生。

将你的家人、同事和朋友的名字、工作单位和电话号码组织起来，就可以形成一个小型数据库，也可以将公司客户的数据组织起来，形成更大规模的数据库。数据库就像是粮仓，数据就是粮仓中的粮食。实际上，数据库是长期存储在计算机内的、有组织的、可共享的大量数据的集合。这里的长期存储是指数据是永久保存在数据库中，而不是临时存放；有组织是指数据是从全局观点出发建立的，按照一定的数据模型进行描述和存储，是面向整个组织，而不是某一应用，具有整体的结构化特征；可共享是指数据是为所有用户和所有应用而建立的，不同的用户和不同的应用可以以自己的方式使用这些数据，多个用户和多个应用可以共享数据库中的同一数据。

二、数据管理与数据库管理系统

（一）数据处理和数据管理

在日常实际工作中，人们越来越清楚地认识到对数据的使用离不开对数据的有效管理。例如，企事业单位都离不开对人、财、物的管理，而人、财、物是以数据形式被记录和保存的，因此对人、财、物的管理就是对数据的管理。早期以手工方式对这些数据进行管理，现在大多以计算机对数据进行管理，使得数据管理成了计算机应用的一个重要分支。

数据处理是指对数据的收集、组织、存储、加工和传播等一系列操作。它是从已有数据出发，经过加工处理得到所需数据的过程。

数据管理是指对数据的分类、组织、编码、存储、检索和维护工作。数据管理是数据处理的核心和基础。

（二）数据库管理系统

粮仓中的粮食数量巨大，因此必须由专门的机构来管理、维护和运营。数据库也是一样，也必须有专门的系统来管理它，这个系统就是数据库管理系统（Data Base Management System，DBMS）。数据库管理系统是完成数据库建立、使用、管理和维护任务的系统软件。它是建立在操作系统之上，对数据进行管理的软件。不要将它当成应用软件，它不能直接用于诸如图书管理、课程管理、人事管理等事务管理工作，但它能够为事务管理提供技术、方法和工具，从而能够更好地设计和实现事务管理软件。

1. DBMS 的功能

（1）数据库定义功能。DBMS 提供数据定义语言（DDL）定义数据库三级模式结构，包括外模式、模式、内模式及其相互之间的两级映像，定义数据完整性和安全性等约束，并存于数据字典中。

（2）数据库的操作功能。DBMS 提供数据操纵语言（DML）实现对数据库中数据操作，包括查询和更新（插入、删除、修改）操作。

（3）数据库运行管理功能。数据库运行管理是 DBMS 对整个数据库系统运行的控制，包括对用户存取控制、数据安全性和完整性检查、实施对数据库数据的查询、插入、删除以及修改等操作。

（4）数据组织存储管理功能。数据库中存储有多种数据，如用户数据、数据字典、存取路径等，需要 DBMS 分类组织、存储和管理这些数据，确定用户所需数据的文件结构和存取方式，并将用户的存取数据的 DML 语句转换成操作系统的文件系统命令，以便由操作系统存取磁盘中数据库的数据。

（5）数据库的维护功能。数据库维护主要包括初始数据的装载、运行日志、数据库性能的监控、在数据库性能变坏或需求变化时的重构与重组、备份以及当系统硬件或软件发生故障时数据库的恢复等。

（6）数据通信接口。数据库管理系统的数据通信负责处理数据的传送。这些数据可能来自于应用系统、远程终端、其他 DBMS 或文件系统，因此 DBMS 必须提供与这些数据相连接的通信接口，以便于相互通信。这一部分功能需与操作系统、数据通信管理系统协同实现。

2.DBMS 组成

（1）语言编译处理程序。语言编译处理程序主要有以下 2 种。

①数据定义语言（DDL）翻译程序。DDL 翻译程序将用户定义的子模式、模式、内模式及其之间的映像和约束条件等这些源模式翻译成对应的内部表和目标模式。这些目标模式描述的是数据库的框架，而不是数据本身。它们被存放于数据字典中，作为 DBMS 存取和管理数据的基本依据。

②数据操纵语言（DML）翻译程序。DML 翻译程序编辑和翻译 DML 语言的语句。DML 语言分为宿主型和交互型。DML 翻译程序将应用程序中的 DML 语句转换成宿主语言的函数调用，以供宿主语言的编译程序统一处理。对于交互型的 DML 语句的翻译，由解释型的 DML 翻译程序进行处理。

（2）数据库运行控制程序。数据库运行控制程序主要有以下 6 种。

①系统总控程序，控制、协调 DBMS 各程序模块的活动。

②存取控制程序，包括核对用户标识、口令；核对存取权限；检查存取的合法性等程序。

③并发控制程序，包括协调多个用户的并发存取的并发控制程序、事务管理程序。

④完整性控制程序，核对操作前数据完整性的约束条件是否满足，从而决定操作是否执行。

⑤数据存取程序，包括存取路径管理程序、缓冲区管理程序。

⑥通信控制程序，实现用户程序与 DBMS 之间以及 DBMS 内部之间的通信。

（3）实用程序。实用程序主要有初始数据的装载程序、数据库重组程序、数据库重构程序、数据库恢复程序、日志管理程序、统计分析程序、信息格式维护程序以及数据转储、编辑等实用程序。数据库用户可以利用这些实用程序完成对数据库的重建、维护等各项工作。

3.DBMS 的工作过程

在数据库系统中,当用户或一个应用程序需要存取数据库中的数据时,应用程序、DBMS、操作系统、硬件等几个方面必须协同工作,共同完成用户的请求,这一过程较为复杂。下面以一个程序 A 通过 DBMS 读取数据库中的记录为例来说明这个过程,如图 1-9 所示。

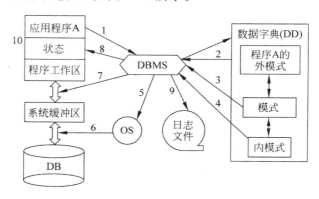

图 1-9　DBMS 存取数据操作过程

(1) 应用程序 A 中一条读记录的 DML 语句被执行时,立即启动 DBMS,并且把记录命令转给 DBMS。

(2) DBMS 按语句中的外模式名并从 DD 中调出 A 的外模式,检查该操作是否在合法的授权范围内,决定是否执行命令。

(3) 在决定执行命令后,DBMS 调出模式,根据外模式/模式映像定义,把外模式的外部记录格式转换成模式中的记录格式,确定模式应读入哪些记录。

(4) DBMS 调出内模式,依据模式/内模式映像定义,并把模式的记录格式转换成模式的内部记录格式,确定模式应从哪些文件、用什么样的存取方式、读入哪些物理记录以及相应的地址信息。

(5) DBMS 向操作系统发出从指定地址读取物理记录的命令。

(6) 操作系统执行命令并把记录从数据库读入到操作系统在内存中的系统缓冲区,并送入到数据库缓冲区,当操作结束后向 DBMS 做出回答。

（7）DBMS 收到操作系统结束的回答后，按模式、外模式定义，将系统缓冲区的记录转换成用户所需的逻辑记录格式，并送到应用程序 A 的工作。

（8）DBMS 向应用程序的状态信息区发送反映命令执行情况的状态信息，如"成功"或"数据未找到"等。

（9）DBMS 向日志数据库写入有关读记录的信息，如读取数据用户名、时间等，以便以后查询数据库的使用情况。

（10）应用程序检查状态信息，如果成功，则对工作区中数据作正常处理；如果失败，则决定下一步如何执行。

4．数据库系统的组成

所谓数据库系统（DBS）就是采用了数据库技术的计算机系统。它主要由数据库、硬件、软件和人员组成，如图 1-10 所示。

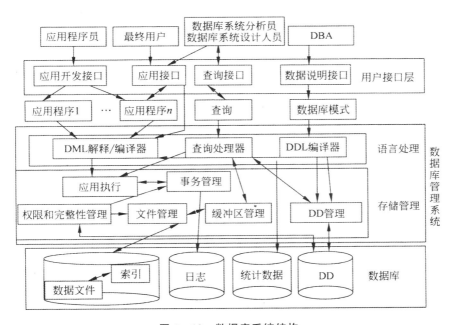

图 1-10　数据库系统结构

第五节　数据库管理系统的体系结构

一、集中式数据库系统结构

集中式数据库系统结构就是在单个计算机上实现的数据库系统。根据操作系统是支持单用户还是多用户，集中式数据库系统可分为单用户和多用户数据库系统。

（一）单用户数据库系统

在单用户数据库系统中，数据库、DBMS 和应用程序都装在一台计算机上，由一个用户独占，并且系统一次只能处理一个用户的请求。因而系统没有必要设置并发控制机制；故障恢复设施可以大大简化，仅简单地提供数据备份功能即可。这种系统是一种早期最简单的数据库系统，现在越来越少见了。

（二）多用户数据库系统

多用户数据库系统指在一个主机中集中存放数据库、DBMS 和应用程序，供多个与之相联系的终端用户并发地共同使用数据库，由一个处理机同时处理多个用户事务的活动，如图 1 - 11 所示。数据的集中管理并服务于多个任务减少了数据冗余，应用程序与数据之间有较高的独立性，但对数据库的安全和保密、事务的并发控制、处理机的分时响应等问题都要进行处理。

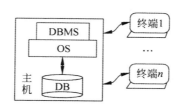

图 1 - 11　集中式的数据库系统体系结构

二、分布式数据库系统结构

分布式数据库系统结构是指数据库被划分为逻辑关联而物理分布在计算机网络中不同场地（又称节点）的计算机中，并具有整体操作与分布控制数据能力的数据库系统，如图 1 - 12 所示。

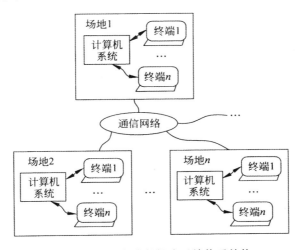

图 1 - 12　分布式数据库系统体系结构

在分布式数据库系统中，一般每个场地是一个集中式数据库系统，它们都有独立处理能力并能完成局部应用；而每一个场地的系统也参与全局应用程序的执行，全局应用程序可通过网络访问系统中多个场地的数据。

分布式数据库系统具有如下特点。

（1）分布性：数据库中的数据分布地存储在不同的场地（有别于集中式数据库）。

（2）自治性：每个场地都是一个自主独立的数据库系统，即为集中式数据库系统（有别于分散式数据库）。

（3）全局性：各自治站点协同工作使数据库逻辑上成为一个整体，以支持各用户的全局应用（有别于网络的分散式数据库）。

例如，银行中的多个支行在不同的场地，一个支行的借贷业务可以通过访问本支行的账目数据库就可以处理，这种应用称为"局部应用"。如果在不同场地的支行之间进行通兑业务或转账业务，这样要同时更新相关支行中的数据库，这就是"全局应用"。

分布式数据库系统与集中式数据库系统相比有以下优点。

（1）可靠性高，可用性好。由于数据是复制在不同场地的计算机中，当某场地数据库系统的部件失效时，其他场地仍可以完成任务。

（2）适应地理上分散而在业务上需要统一管理和控制的公司或企业对数据库应用的需求。

（3）局部应用响应快、代价低。可以根据各类用户的需要来划分数据库，将所需要的数据分布存放在他们的场地计算机中，便于快捷响应。

（4）具有灵活的体系结构。系统既可以被分布式控制，又可以被集中式处理；既可以统一管理同系统中同质型数据库，又可以统一管理异质型数据库。

分布式数据库系统具有如下缺点。

（1）系统开销大，分布式系统中访问数据的开销主要花费在通信部分。

（2）结构复杂，设计难度大，涉及的技术面宽，如数据库技术、网络通信技术、分布技术和并发控制技术等。

（3）数据的安全和保密较难处理

三、客户机/服务器数据库系统结构

在集中式数据库系统的主机中和分布式数据库系统各场地的计算机中，都没有将 DBMS 功能管理程序与用户应用程序分开，而是既执行 DBMS 功能管理程序又执行用户应用程序。与它们不同的是，客户机/服务器（Client/Server，C/S）数据库系统将 DBMS 功能管理程序单独存放到网络中某个或某些场地的计算机中，而将用户应用程序安装到其余场地的计算机中。安装 DBMS 功能管理程序系统的计算机称为数据库服务器，简称服务器；存储用户应用程序的计算机称为客户机。

在客户机/服务器数据库系统中，客户机通过计算机网络向服务器发出计算请求，服务器经过计算，将结果返回客户机，减少了网上数据的传输量，提高了系统的性能、吞吐量和负载能力。客户机/服务器数据库系统如图 1-13 所示。

客户机也称为系统前端，主要由一些应用程序构成，如图形接口、表格处理、报告生成、应用工具接口等，实现前端应用处理。数据库服务器可以同时服务于各个客户机对数据库的请求，包括存储结构与存取方法、事务管理与并发控制、恢复管理、查询处理与优化等数据库管理的系统程序，主要完成事务处理和数据访问控制。

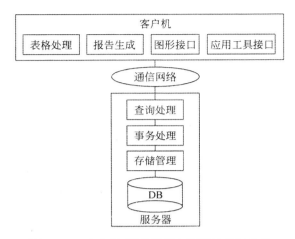

图 1 - 13　客户机/服务器数据库系统体系结构

客户机/服务器体系结构的好处是支持共享数据库数据资源，并且可以在多台设备之间平衡负载；允许容纳多个主机，充分利用已有的各种系统。

现代客户机和服务器之间的接口是标准化的，如 ODBC 或其他 API。这种标准化接口使客户机和服务器相对独立，从而保证多个客户机与多个服务器连接。

一个客户机/服务器系统可以有多个客户机与多个服务器。在客户机和服务器的连接上，如果是多个客户机对一个服务器，则称为集中式客户机/服务器数据库系统；如果是多个客户机对应多个服务器，则称为分布式客户机/服务器数据库系统。分布的服务器系统结构是客户机/服务器与分布式数据库的结合。

四、混合体系结构

为克服 B/S 结构存在的不足，许多研究人员在原有 B/S 体系结构基础上，尝试采用一种新的混合体系结构，如图 1 - 14 所示。

在混合结构中，一些需要用 Web 处理的，满足大多数访问者请求的功能界面（如信息发布查询界面）采用 B/S 结构。后台只需少数人使用的功能应用（如数据库管理维护界面）采用 C/S 结构。

组件位于 Web 应用程序中，客户端发出 http 请求到 Web 服务器。Web 服务器将请求传送给 Web 应用程序。Web 应用程序将数据请求传送给数据库

图 1-14 新的混合体系结构

服务器，数据库服务器将数据返回 Web 应用程序。然后再由 Web 服务器将数据传送给客户端。对于一些实现起来较困难的软件系统功能或一些需要丰富内容的 html 页面，可通过在页面中嵌入 ActiveX 控件来完成。

第二章

云计算中的虚拟化技术

第一节　虚拟化技术概述

一、虚拟化的概念

什么叫虚拟化？虚拟化是一个广义的术语，在计算机方面主要指计算的元件是在虚拟的架构上运行而不是在物理机上运行。通过运用虚拟化技术，计算机硬件的容量得到了有效的扩展，计算机软件配置的过程得到了简化，并且多个应用系统可以同时在一个平台上运行，这样计算机的闲置资源就得到了有效的利用，工作效率大大地增加。

目前，虚拟化是一种经过验证的软件技术，它正以非常快的速度改变着IT的面貌，改变传统的IT模式。虚拟化不是最近几年出现的，在20世纪90年代时，X86处理器采用系统分区，就出现了虚拟技术，这种虚拟化技术最先用在苹果Macintosh操作系统中。在20世纪90年代末，VMware公司一直致力于虚拟化的研究，推行的VMware WorkStation这款产品可以在X86操作系统上任意运行。实际上从20世纪以来，人们一直很关注系统的兼容、整合、集成能力，但是由于计算机、操作系统、通信协议以及接口的不一致，结果不是很好，采用虚拟化技术在很大程度上提供了帮助或者说解决了这一问题。如今，虚拟化技术已经有了很大的发展，其用户越来越多，包括个人用户、企业用户、地方政府数据中心等。

为什么越来越多的人选择使用虚拟化技术呢？从目前IT发展面临的一些挑战来看，主要的挑战集中在资源的闲置、IT的运营维护成本的增长、大数据的爆发、产品的供应链跟不上等方面。统计分析的结果发现：目前 IT 的闲置资源高达 85％；IT 的运维和管理的成本在逐年上升，其中 1 元钱中就包含了 0.7 元的运维和管理成本；大数据给目前的 IT 环境带来了挑战，特别是电子商务这一领域的信息呈爆炸式的增长，每年增长速度高达 54％；产品供应链的效率低直接导致 3.5％ 的营业额损失，接近 400 亿美元。这些都是目前 IT 环境要迫切解决的问题。采用虚拟化技术，可以缓解 IT 面临的这些问题。

二、虚拟化的发展历史

虚拟化技术近年来得到了广泛的推广和应用，虚拟化概念的提出远远早于云计算。它的发展大体可分为以下几个阶段。

（一）萌芽期（20 世纪 60—70 年代）

计算机科学家 Christopher Strachey 在 1959 年 6 月国际信息处理大会（International Conference on Information Processing）上第一次提出了虚拟化技术的概念。

20 世纪 60 年代开始，IBM 的操作系统虚拟化技术使计算机的资源得到充分利用。随后，IBM 及其他几家公司陆续开发了以下产品：Model 67 的 System/360 主机能够虚拟硬件接口；M44/44X 计算机项目定义了虚拟内存管理机制，IBM 360/40、IBM 360/67、VM/370 虚拟计算系统都具备虚拟机功能。在这个阶段，虚拟化技术利用的硬件资源比较昂贵，一般只在高档服务器中使用，但随着时间与科技的发展，虚拟化技术使用的硬件资源的价格也越来越低。

（二）x86 虚拟化蓬勃发展（20 世纪 90 年代至今）

20 世纪 90 年代，VMware 等软件厂商率先实现了 x86 服务器架构上的虚拟化，从而开拓了虚拟化应用的市场。最开始的 x86 虚拟化技术是纯软件模式的"完全虚拟化"，一般需要二进制转换来进行虚拟化操作，但虚拟机的性能打了折扣。因此在 Denail 和 Xen 等项目中出现了"类虚拟化"，对操作系统进行代码级修改，但又会带来隔离性等问题。随后，虚拟化技术发展到硬件支持阶段，在硬件级别上实现软件功能，从而大大减少了性能开销，典型的硬件辅助虚拟化技术包括 Intel 的 VT 技术和 AMD 的 SVM 技术。

（三）服务器虚拟化的广泛应用带动虚拟化技术的发展壮大

随着 x86 服务器虚拟化技术的发展，虚拟化技术体系不断发展壮大，相继出现了桌面虚拟化、应用虚拟化、网络虚拟化、存储虚拟化等多个成员。这大大地增加了用户的选择性和应用范围。

三、虚拟化的体系结构

虚拟化的体系结构 VMware 定义如图 2-1 所示。

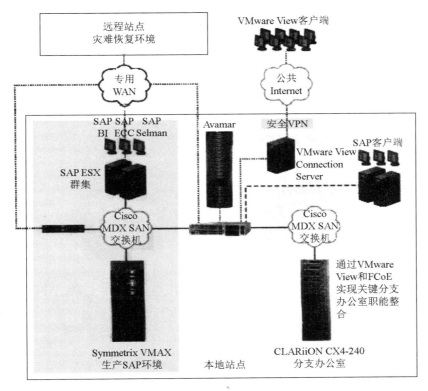

图 2-1　VMware 定义的体系结构

四、虚拟化的分类

虚拟化技术已经成为一个庞大的技术家族，其形式多种多样，实现的应用也已形成体系。但对其分类，从不同的角度有不同分类方法。图 2-2 给出了虚拟化的分类。图 2-3 是从应用领域对虚拟化进行划分的示意图。

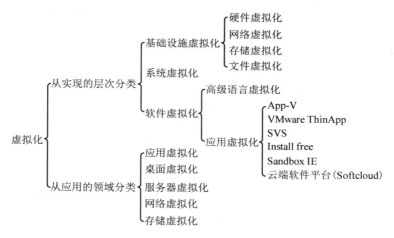

图 2 - 2　虚拟化的分类

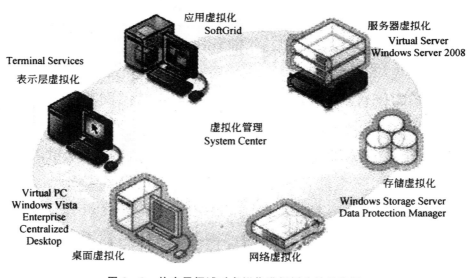

图 2 - 3　从应用领域对虚拟化进行划分的示意图

五、虚拟化技术的优势和劣势

（一）虚拟化技术优势

虚拟化技术的优势表现在以下几个方面。

（1）更高的资源利用率。虚拟化技术可以实现物理资源和资源池的动态共享，有利于提高资源的利用率，用户可以动态地选择需求来满足他们资源的不同负载。

（2）降低管理成本。虚拟化技术可以采用中央管理来简化公共管理任务，实现负载均衡的自动化管理，还可以支持在多个平台上使用公共的工具，从而降低了管理成本。

（3）提高使用的灵活性。虚拟化技术可以实现动态的资源部署和重配置，可以满足用户不断变化的业务需求。

（4）高可用性。能在不影响用户的情况下对物理资源进行删除、升级、更改。

（5）高扩展性。虚拟化技术采用动态方式部署，可以根据不同产品对资源的需求，支持比物理资源小或大的虚拟资源。

（6）灵活的互操作性。虚拟化技术能提供各种接口和协议的兼容性，这点远胜于物理资源。

（7）高安全性。虚拟化技术可以实现简单的共享机制。这便于实现对数据和服务的可控和安全地访问。

（8）高效率。对于虚拟化资源崩溃，由于不存硬件方面的问题能在很短时间内恢复。

（二）虚拟化技术的劣势

任何事物都是有利有弊的，虚拟化技术也不例外。物理计算机上的硬件用的时间久了很可能会损坏，其上的软件也要定时地更新，防止病毒的感染。虚拟化技术由于是针对实际的计算机来进行的，虚拟化技术方案的部署、使用也有一些劣势。

（1）可能会使物理计算机负载过重。虚拟化技术虽然是在虚拟的环境中运行的，但其并不是完全虚拟的，依然需要硬件系统的支持。以服务器虚拟化为例，一台物理计算机上可以虚拟化出多台客户机，每台客户机上又可以安装多个应用程序。若这些应用程序全部运行的话，就会占用大量的物理计算机的内存、CPU 等硬件系统，从而给物理计算机带来沉重的负担，可能会导致物理计算机负载过重，使各虚拟机上的应用程序运行缓慢，甚至系统崩溃。

（2）升级和维护引起的安全问题。物理计算机的操作系统及操作系统上的各种应用软件都需要不定时地进行升级更新，以增强其抵抗攻击的能力。

每台客户机也都需要进行升级更新。一台物理计算机上安装多台客户机，会导致在客户机上安装补丁速度缓慢。如果，客户机上的软件不能及时更新，则很可能会被病毒攻击，带来安全隐患。

（3）物理计算机的影响。传统的物理计算机发生不可逆转的损坏时，若不是作为服务器出现，则只有其自身受到影响。当采用虚拟化技术的物理计算机发生宕机时，其所有的虚拟机都会受到影响。在虚拟机上运行的业务也会受到一定程度的影响，甚至是损坏。此外，一台物理计算机的虚拟机往往会有相互通信，在相互通信的过程中，可能会导致安全风险。

六、技术的发展热点和趋势

（一）从整体上看

目前通过服务器虚拟化（图2-4）实现资源整合是虚拟化技术得到应用的主要驱动力。现阶段，服务器虚拟化的部署远比桌面虚拟化（图2-5）或者存储虚拟化（图2-6）多。但从整体来看，桌面虚拟化和应用虚拟化（图2-7）在虚拟化技术的下一步发展中处于优先地位，仅次于服务器虚拟化。未来，桌面平台虚拟化将得到大量部署。

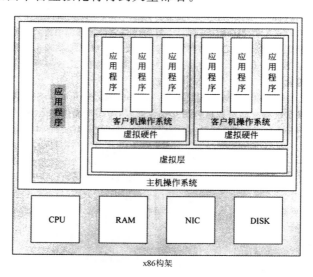

图2-4 服务器虚拟化

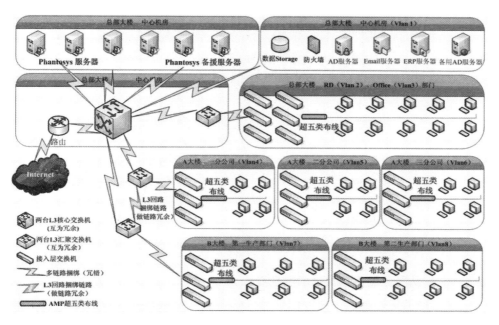

图 2-5 桌面虚拟化

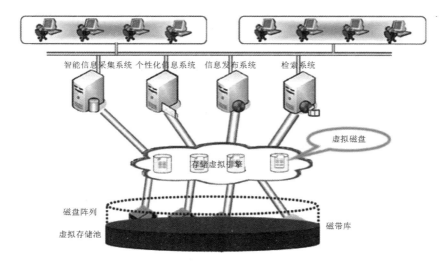

图 2-6 存储虚拟化

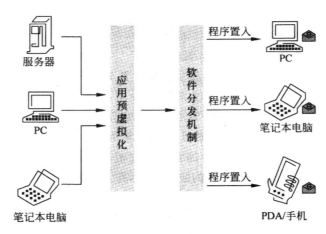

图 2 - 7　应用虚拟化

（二）从服务器虚拟化技术本身看

随着硬件辅助虚拟化技术的日趋成熟，以各个虚拟化厂商对自身软件虚拟化产品的持续优化，不同的服务器虚拟化技术在性能差异上日益减小。未来，虚拟化技术的发展热点将主要集中在安全、存储、管理上。

（三）从当前来看

虚拟化技术的应用主要在虚拟化的性能、虚拟化环境的部署、虚拟机的零宕机、虚拟机长距离迁移、虚拟机软件与存储等设备的兼容性等问题上实现突破。

第二节　服务器虚拟化

一、服务器虚拟化概述

（一）服务器虚拟化的分类

服务器虚拟化，也称为系统虚拟化。从系统虚拟化最终外在形式上，可以分为单机虚拟化和多机聚合虚拟化。即一台机器上虚拟出多个虚拟系统，以及从多个物理网络化的机器聚合虚拟化出更多的虚拟系统。换个思路来理解就是对现有的一台物理机对应一个操作系统的这种结构重新进行整合配置，利用虚拟化技术，在现有的硬件环境下虚拟出更多的IT资源环境。

图2-8给出了两种虚拟化的形式，实际上对于第二种虚拟化形式是对单机版虚拟化的一种深化，是虚拟化平台环境，对于联网的多台计算机设备，在上一层有一台服务器安装这样一个管理程序，负责管理安装在不同计算机上的虚拟管理程序，每台虚拟机管理程序又能虚拟出更多的虚拟机来。

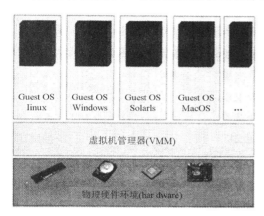 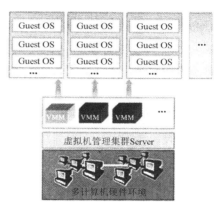

图 2-8　单机虚拟化与多机聚合虚拟化

图2-9给出了半虚拟化与全虚拟化的区别。半虚拟化也可以称为准虚拟化，这种虚拟化技术主要是改变客户操作系统，让它以为自己运行在虚拟环境下，能够与虚拟机管理程序协同工作。图2-9中描述了与全虚拟化产品的区别。通过修改Guest OS代码的方法使得虚拟机管理程序无须重新编译或者捕获相应的CPU特权指令，直接与硬件打交道，从而使得性能得到提升。常见的这种虚拟化产品有Xen（亚马逊的云平台的虚拟化产品就是采用了这种技术），以及微软自己的Hyper-V产品。

（二）关键特性

与其他虚拟器相比，服务器虚拟化具有哪些特性呢？服务器虚拟化的关键特性如图2-10所示。

（三）技术优势

服务器虚拟化的技术优势如下：①降低运营成本；②提高应用兼容性；③加速应用部署；④提高服务可用性；⑤提升资源利用率；⑥动态调度资源；⑦降低能源消耗。

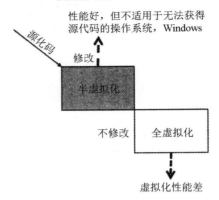

图 2-9 半虚拟化与全虚拟化的区别

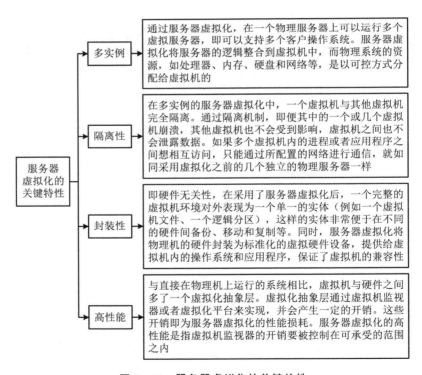

图 2-10 服务器虚拟化的关键特性

二、服务器虚拟化架构

(一) 寄生架构

一般而言，寄生架构在操作系统上再安装一个虚拟机管理器（VMM），然后用 VMM 创建并管理虚拟机。操作 VMM 看起来像是"寄生"在操作系统上的，该操作系统称为宿主操作系统，即 Host OS，如图 2 - 11 所示。Oracle 公司的 Virtual Box 就是一种寄生架构。

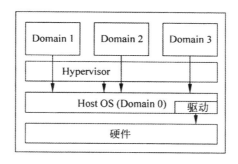

图 2 - 11　寄生架构

2. 裸金属架构

顾名思义，裸金属架构是指将 VMM 直接安装在物理服务器之上而无需先安装操作系统的预装模式。再在 VMM 上安装其他操作系统（如 Windows、Linux 等）。由于 VMM 是直接安装在物理计算机上的，称为裸金属架构，如 KVM、Xen、VMware ESX。裸金属架构是直接运行在物理硬件之上的，无需通过 Host ON，所以性能比寄生架构更高。

Xen 采用混合模式，其体系架构如图 2 - 12 所示。用 Xen 技术实现裸金属架构服务器虚拟化，如图 2 - 13 所示，其中有 3 个 Domain。Domain 就是"域"，更通俗地说，就是一台虚拟机。

三、服务器虚拟化核心技术

(一) CPU 虚拟化

CPU 虚拟化技术把物理 CPU 抽象成虚拟 CPU，单 CPU 模拟多 CPU 并行，允许一个平台同时运行多个操作系统，不同的虚拟 CPU 在各自不同的空间内独自运行，相互之间不会产生影响，使系统的工作效率得到有效的提高。

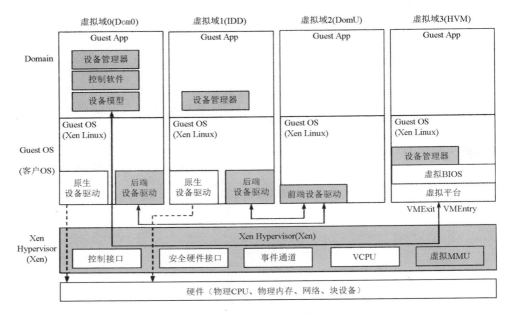

图 2 - 12 Xen 体系架构图

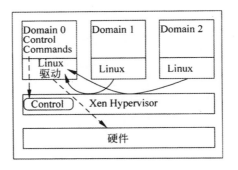

图 2 - 13 裸金属架构

图 2-14 所示为 x86 体系结构下的软件 CPU 虚拟化的两种不同的解决方案。如果想通过硬件方式实现 CPU 虚拟化，可以在硬件层添加支持功能。

（二）内存虚拟化

内存虚拟化技术把物理机的真实物理内存统一管理，控制将客户物理地址空间映射到主机物理地址空间的操作，如图 2-15 所示。

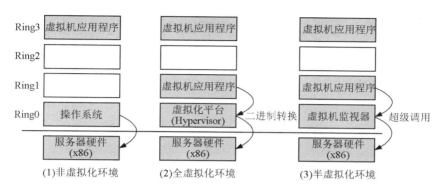

图 2-14　x86 体系结构下的软件 CPU 虚拟化

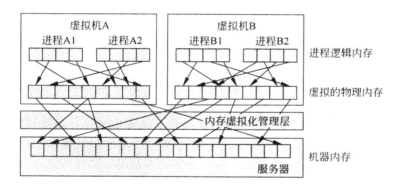

图 2-15　内存虚拟化

为实现内存虚拟化，内存系统中共有 3 种地址，即机器地址（Machine Address，MA）、虚拟机物理地址（Guest Physical Address，GPA）、虚拟地址（Virtual Address，VA）。

虚拟地址到虚拟机物理地址的映射关系记做 g，由 Guest OS 负责维护。对于 Guest OS 而言，它并不知道自己所看到的物理地址其实是虚拟的物理地址。虚拟机物理地址到机器地址的映射关系记做 f，由虚拟机管理器 VMM 的内存模块进行维护。

普通的内存管理单元（Memory Management Unit，MMU）只能完成一次虚拟地址到物理地址的映射，但获得的物理地址只是虚拟机物理地址，而不是机器地址，所以还要通过 VMM 来获得总线上可以使用的机器地址。但是如果每次内存访问操作都需要 VMM 的参与，效率将变得极低。为实现虚拟地址到机器地址的高效转换，目前普遍采用的方法是由 VMM 根据映射 f 和 g 生成复合映射 $f \cdot g$，直接写入 MMU。具体的实现方法有两种：页表写入法和影子页表法，如图 2-16 所示。

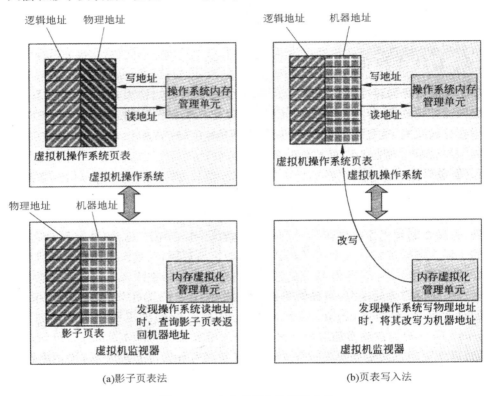

(a)影子页表法　　　　　　　　　　(b)页表写入法

图 2-16　内存虚拟化的两种方法

（三）设备与 I/O 虚拟化

以 VMware 的虚拟化平台为例，虚拟化平台将物理机的设备虚拟化，把这些设备标准化为一系列虚拟设备，为虚拟机提供一个可以使用的虚拟设备集合，如图 2-17 所示。

在服务器虚拟化中，网络接口是一个特殊的设备，服务器虚拟化要求对宿主操作系统的网络接口驱动进行修改。经过修改后，物理机的网络接口不仅要承担原有网卡的功能，还要通过软件虚拟出一个交换机，如图 2-18 所示。

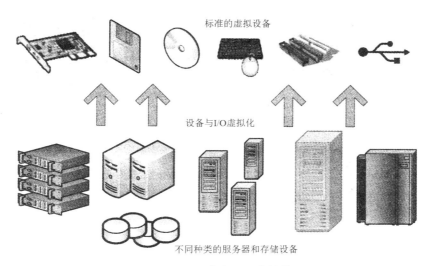

图 2 - 17　设备与 I/O 虚拟化

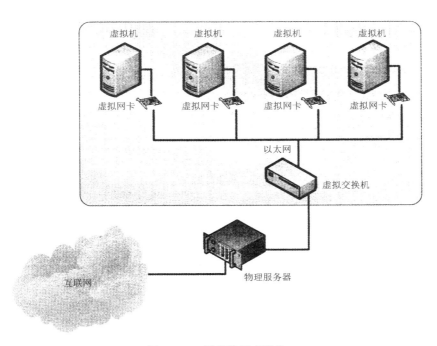

图 2 - 18　网络接口虚拟化

（四）实时迁移技术

实时迁移（Live Migration）技术是在虚拟机运行过程中，将整个虚拟机的运行状态完整、快速地从原来所在的宿主机硬件平台迁移到新的宿主机硬件平台上，并且整个迁移过程是平滑的，用户几乎不会察觉到任何差异，如图 2 - 19 所示。由于虚拟化抽象了真实的物理资源，因此可以支持原宿主机和目标宿主机硬件平台的异构性。

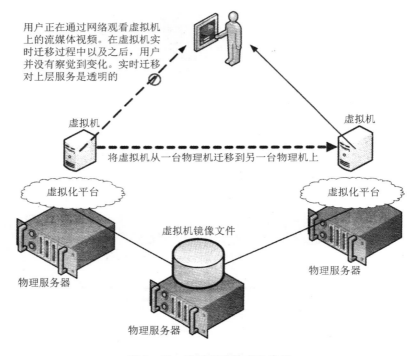

用户正在通过网络观看虚拟机上的流媒体视频。在虚拟机实时迁移过程中以及之后，用户并没有察觉到变化。实时迁移对上层服务是透明的

虚拟机

虚拟机

将虚拟机从一台物理机迁移到另一台物理机上

虚拟化平台

虚拟化平台

虚拟机镜像文件

物理服务器

物理服务器

物理服务器

图 2 - 19　实时迁移技术示意图

四、性能分析

服务器虚拟化的性能一直是人们所关注的问题，一方面，采用服务器虚拟化技术以后，虚拟服务器上的应用与直接运行在物理服务器上的应用相比性能是否有很大差异；另一方面，服务器虚拟化的不同实现技术所提供的性能是否有很大差异。

首先，我们从应用对资源的利用情况进行服务器虚拟化的性能分析，大

致可以把应用分为三种类型：处理器密集型（CPU Intensive）、内存密集型（Memory Intensive）和输入/输出密集型（I/O Intensive）。

VMware 公司曾经公布过一份服务器虚拟化（全虚拟化）的性能报告，它评估了上述三类应用分别在物理服务器、VMware ESX v3.01GA 和 Xen v3.03 - 0 上运行的性能。在这份报告公布后不久，Xen 公司也发布了一份类似的报告，不过它评估的是应用在物理服务器、Xen Enterprise v3.2（公共测试版）和 VMware ESX v3 - 0 _ 1 GA P _ 的性能。这两份报告验证了虚拟服务器与物理间的性能差异并不明显，两款不同的虚拟化软件则各有千秋。

为了测试处理器密集型应用在物理服务器和虚拟化平台上的性能，这两份报告都选取了标准测试工具 SPECepu2000 Integer。从测试结果来看，处理器密集型应用运行在物理服务器（Native）和虚拟化平台（VMware ESX，Xen/Xen Enterprise）上的性能的差异很小（低于 5％），就虚拟化平台而言，VMware ESX 的表现略优于 Xen/Xen Enterprise。为了测试内存密集型应用在物理服务器和虚拟化平台上的性能，这两份报告都选取了标准测试工具 Passmark。从测试结果来看，内存密集型应用运行在物理服务器（Native）和虚拟化平台（VMware ESX，Xen/Xen Enterprise）上的性能差异也很小（低于 5％），就虚拟化平台而言，VMware ESX v3.0.1 优于 Xen v3.03 - 0，而经过改进的 Xen Enterprise v3.2 优于 VMware ESX v3.0.1。为了测试输入/输出密集型应用在物理服务器和虚拟化平台上的性能，这两份报告都选取了标准测试工具 Netperf。从测试结果来看，输入/输出密集型应用运行在物理服务器、VMware ESX v3.0.1 和 Xen Enerprise v3.2 的性能较为接近。

除了对不同类型应用的评估，我们也可以从服务质量的维度来评估服务器虚拟化的性能，衡量 Web 服务的两个重要指标是吞吐量（Throughput）和响应时间（Response Time）。相同条件下，吞吐量越大，说明服务同时处理请求的能力越强、响应时间越短，服务处理单个事务的速度越快。

衡量标准的处理器密集型应用、内存密集型应用和输入/输出密集型应用的性能对实际应用具有很好的参考价值。但在现实场景中运行的往往是具有各种业务逻辑的应用，例如典型的 J2EE 应用，它不同层次上的功能部件对于资源的需求是不一样的。因此，衡量一个具体类型的商务应用的综合性能往往对企业构建虚拟化环境具有更大的指导意义。IBM 和 VMware 公司曾联合评估过企业级 J2EE 应用服务器 WebSphere Application Server（WAS）v7～EVMware ESX v3.5 虚拟环境下的性能，它所采用的标准测试工具是模拟股票交易系统 DayTrader v1.2。

对于运行在 VMware ESX v3.5 上的 WAS 独立应用（WAS Standalone），随着分配给它的虚拟 CPU 数量的增加，其吞吐量也相应增加，相对于直接运行在物理服务器上，它的吞吐量有 10% 以内的下降。但是，如果多台虚拟机组成的 WAS 集群运行在同一个配有单个多核处理器的虚拟化平台上，情况则有所不同：在默认配置下，随着分配给每个虚拟机的虚拟 CPU 数量的增加，吞吐量也相应增加，当分配的虚拟 CPU 等于和多于 4 个时，吞吐量甚至超过了直接运行在物理服务器上所对应的吞吐量。这说明 ESX 所采用的调度策略考虑了 CPU 多核之间的亲和性（Affinity），避免了虚拟机进程在各个核之间频繁迁移而造成损耗，而物理服务器上的普通操作系统进程调度策略并没有考虑到这一点。

除了横向比较 x86 架构下的服务器虚拟化性能，比较大型机虚拟化平台（z/VM）和 x86 虚拟化平台的性能也具有现实意义。这样的测试在分配了相似的物理资源的条件下（8Cores@4GHz）不断地增加运行在 z/VM 和 x86 上的虚拟机数量，通过标准测试工具来测试吞吐量、响应时间和 CPU 利用率。响应时间的测试结果显示，当虚拟机数量超过 20 时，x86 虚拟化平台上虚拟机的响应时间会迅速增加，直至达到其容纳虚拟机的极限（约 50 个）；而 z/VM 则表现出良好的性能，即使在虚拟机数量达到 100 个时，响应时间也只是微量增长。

在吞吐量的测试中，随着虚拟机数量的增加，x86 虚拟化平台的吞吐量也随之增加，当虚拟机数量在 25～50 个时，吞吐量基本维持在每秒 50 个事务；而 z/VN 随着虚拟机数量增加，吞吐量呈对数型增长，最大能达到每秒 150 个事务的处理能力。这两者的差异是由大型机和 x86 硬件体系结构不同造成的，大型机在设计之初就考虑到了虚拟化和并行处理等因素，从而充分利用大型机上的资源，而 x86 只是面向普通的个人用户，一开始并没有考虑支持虚拟化，之后只能以补丁式的方式实现虚拟化，因此所表现出来的性能和大型机是无法比拟的。

总之，通过这些服务器虚拟化的性能测试报告，可以得出以下结论：第一，服务器虚拟化会引入一定的系统开销，应用的性能比直接运行在物理服务器上有所下降，但是随着该技术的日益成熟，以及硬件辅助虚拟化和多核等技术的不断成熟，这个开销已经在逐渐缩小，性能下降的幅度变得可以接受；第二，服务器虚拟化的各种实现技术之间存在一些不同点，但是同等系统架构（如 x86）的虚拟化平台的实现方法正在逐步趋同，不同品牌虚拟化平台的性能差异已经很小；第三，大型机的服务器虚拟化技术相比 x86 的服务器虚拟化技术具有明显的优势，具有更好的服务器整合能力，并使得应用拥有更快的响应时间和更大的吞吐量；第四，对于需要运行在虚拟化环境的企业应用，都应针对其应用的特点进行实际测试调优后才可以上线，从而更好地满足用户对于服务质量的需求。

第三节　网络虚拟化

我们讲虚拟化是对所有 IT 资源的虚拟化，充分提高物理硬件的灵活性及利用效率问题。网络作为 IT 的重要资源也有相应的虚拟化技术。网络虚拟化是使用基于软件的抽象从物理网络元素中分离网络流量的一种方式。

一、传统网络虚拟化技术

传统的网络虚拟化技术主要指 VPN 和 VLAN 这两种典型的传统网络虚拟化技术，对于改善网络性能、提高网络安全性和灵活性起到良好效果。

（一）VPN

虚拟专用网（Virtual Private Network，VPN）通常是指在公共网络中，利用隧道技术所建立的临时而安全的网络。VPN 建立在物理连接基础之上，使用互联网、帧中继或 ATM 等公用网络设施，不需要租用专线，是一种逻辑的连接。图 2 - 20 是企业虚拟专用网的示意图。

（二）VLAN

VLAN（Virtual Local Area Network，虚拟局域网）是一种将局域网设备从逻辑上划分成一个个网段，从而实现虚拟工作组的数据交换技术。VLAN 的特点是，同一个 VLAN 内的各个工作站可以在不同物理 LAN 网段，有助于控制流量，减少设备投资，简化网络管理，提高网络的安全性。

二、主机网络虚拟化

（一）虚拟网卡

虚拟网卡就是通过软件手段模拟出在虚拟机上看到的网卡。虚拟机上运行的操作系统（Guest OS）通过虚拟网卡与外界通信。当一个数据包从 Guest OS 发出时，Guest OS 会调用该虚拟网卡的中断处理程序，而这个中断处理

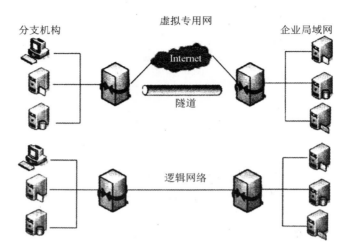

图 2 - 20　企业虚拟专用网

程序是模拟器模拟出来的程序逻辑。当虚拟网卡收到一个数据包时，它会将这个数据包从虚拟机所在物理网卡接收进来，就好像从物理机自己接收一样。

(二) 虚拟网桥

由于一个虚拟机上可能存在多个 Guest OS，各个系统的网络接口也是虚拟的，相互通信和普通的物理系统间通过实体网络设备互联不同，因此不能直接通过实体网络设备互联。这样虚拟机上的网络接口可以不需要经过实体网络，直接在虚拟机内部 VEB（Virtual Ethernet Bridges，虚拟网桥）进行互联。

VEB 上有虚拟端口（VLAN Bridge Ports），虚拟网卡对应的接口就是和网桥上的虚拟端口连接，这个连接称为 VSI。VEB 实际上就是实现常规的以太网网桥功能，如图 2 - 21 所示。

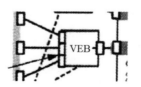

图 2 - 21　VEB 进行本地转发

此外，VEB 也负责虚拟网卡和外部交换机之间的报文传输，但不负责外部交换机本身的报文传输，如图 2 - 22 所示，1 表示虚拟网卡和邻接交换机通信，2 表示虚拟网卡之间通信，3 表示 VEB 不支持交换机本身的互相通信。

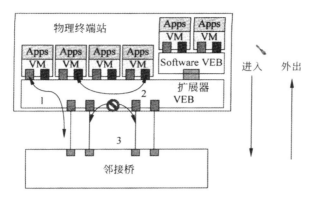

图 2 - 22 VEB 转发图示

（三）虚拟端口聚合器

虚拟以太网端口聚合器（Virtual Ethernet Port Aggregator，VEPA），即将虚拟机上以太网口聚合起来，作为一个通道和外部实体交换机进行通信，以减少虚拟机上网络功能的负担。

根据原来的转发规则，一个端口收到报文后，无论是单播还是广播，该报文均不能再从接收端口发出。由于交换机和虚拟机只通过一个物理链路连接，要将虚拟机发送来的报文转发回去，就得对网桥转发模型进行修订。为此，802.1Qbg 中在交换机桥端口上增加了一种 Reflective Relay 模式。当端口上支持该模式，并且该模式打开时，接收端口也可以成为潜在的发送端口。

如图 2 - 23 所示，VEPA 只支持虚拟网卡和邻接交换机之间的报文传输，不支持虚拟网卡之间报文传输，也不支持邻接交换机本身的报文传输。对于需要获取流量监控、防火墙或其他连接桥上的服务的虚拟机可以考虑连接到 VEPA 上。

从图 2 - 23 看出，由于 VEPA 将转发工作都推卸到了邻接桥上，VEPA 就不需要像 VEB 那样需要支持地址学习功能来负责转发。实际上，VEPA 的地址表是通过注册方式来实现的，即 VSI 主动到 Hypervisor 注册自己的 MAC 地址和 VLAN id，然后 Hypervisor 更新 VEPA 的地址表，如图 2 - 24 所示。

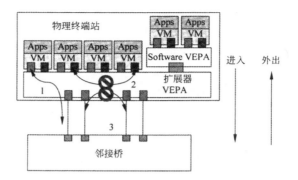

图 2 - 23　VEPA 转发图示

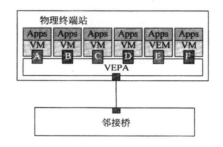

图 2 - 24　VEPA 地址

三、网络设备虚拟化

随着互联网的快速发展，云计算兴起，需要的数据量越来越庞大，用户的带宽需求不断提高。在这样的背景下，不仅服务器需要虚拟化，网络设备也需要虚拟化。目前国内外很多网络设备厂商如锐捷、思科都生产出相应产品，应用于网络设备虚拟化取得良好效果。

网络设备的虚拟化通常分成了两种形式：一种是纵向分割；另一种是横向整合。将多种应用加载在同一个物理网络上，势必需要对这些业务进行隔离，使它们相互不干扰，这种隔离称为纵向分割。VLAN 就是用于实现纵向隔离技术的。但是，最新的虚拟化技术还可以对安全设备进行虚拟化。例如，可以将一个防火墙虚拟成多个防火墙，使防火墙用户认为自己独占该防火墙。

服务器虚拟化的一个关键特性是虚拟机动态迁移，迁移需要在二层网络内实现；数据中心的发展正在经历从整合、虚拟化到自动化的演变，基于云计算的数据中心是未来的更远目标。虚拟化技术是云计算的关键技术之一。如何简化二层网络、甚至是跨地域二层网络的部署，解决生成树无法大规模部署的问题，是服务器虚拟化对云计算网络层面带来的挑战，如图 2 - 25 所示。

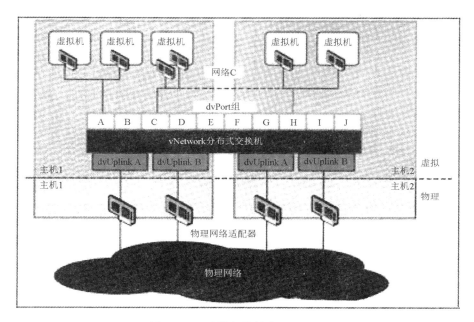

图 2 - 25　跨服务器的虚拟机迁移

第四节　存储虚拟化

一、存储虚拟化概述

SNIA（Storage Networking Industry Association，存储网络工业协会）对存储虚拟化是这样定义的：通过将一个或多个目标（Target）服务或功能与其他附加的功能集成，统一提供有用的全面功能服务。当前存储虚拟化是建立在共享存储模型基础之上的，如图 2 - 26 所示。存储虚拟化主要包括 3 个部分，分别是用户应用、存储域和相关的服务子系统。其中，存储域是核心，在上层主机的用户应用与部署在底层的存储资源之间建立了普遍的联系，它包含多个层次；服务子系统是存储域的辅助子系统，包含一系列与存储相关的功能，如管理、安全、备份、可用性维护及容量规划等。

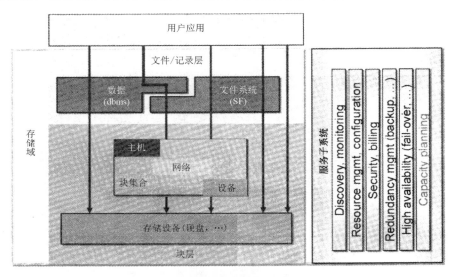

图 2-26　SNIA 共享存储模型

对于存储虚拟化而言，可以按实现不同层次划分为基于设备的存储虚拟化、基于网络的存储虚拟化、基于主机的存储虚拟化，如图 2-27 所示。从实现的方式划分，存储虚拟化可以分为带内虚拟化和带外虚拟化，如图 2-28 所示。

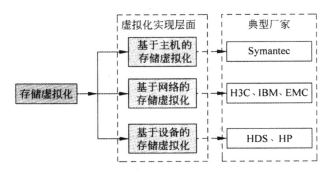

图 2-27　按不同层次划分虚拟化

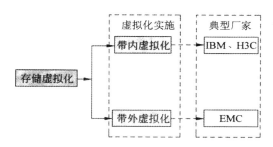

图 2 - 28 按实现方式划分虚拟化

二、根据层次划分存储虚拟化

（一）基于主机的存储虚拟化

基于主机的存储虚拟化，通常由主机操作系统下的逻辑卷管理软件（Logical Volume Manager）来实现，如图 2 - 29 所示。操作系统不同，逻辑卷管理软件也就不同。基于主机的虚拟化主要用途是使服务器的存储空间可以跨越多个异构的磁盘阵列，常用于在不同磁盘阵列之间做数据镜像保护。

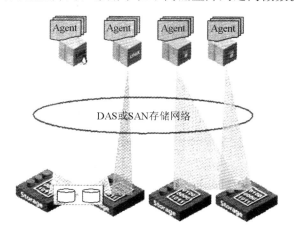

图 2 - 29 基于主机的存储虚拟化

（二）基于网络的存储虚拟化

基于网络的存储虚拟化，通过在存储域网（SAN）中添加虚拟化引擎实现，实现异构存储系统整合和统一数据管理（灾备），如图 2 - 30 所示。也就是说，多个主机服务器需要访问多个异构存储设备，从而实现多个用户使用相同的资源，或者多个资源对多个进程提供服务。基于网络的存储虚拟化，优化资源利用率，是构造公共存储服务设施的前提条件。

（三）基于设备的存储虚拟化

基于设备的存储虚拟化，用于异构存储系统整合和统一数据管理（灾备），通过在存储控制器上添加虚拟化功能实现，应用于中、高端存储设备，如图 2-31 所示。具体地说，当有多个主机服务器需要访问同一个磁盘阵列时，可以采用基于阵列控制器的虚拟化技术。此时虚拟化的工作是在阵列控制器上完成的，将一个阵列上的存储容量划分为多个存储空间（LUN），供不同的主机系统访问。

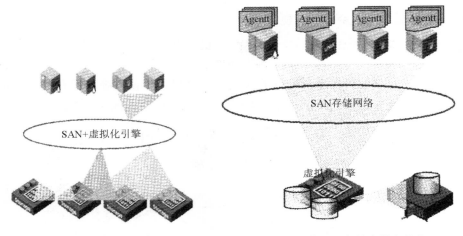

图 2-30　基于网络的存储虚拟化　　　图 2-31　基于设备的存储虚拟化

三、根据实现方式划分存储虚拟化

按实现方式不同划分两种形式的虚拟化，分别为带内存储虚拟化（图 2-32）和带外存储虚拟化（图 2-33）。带内存储虚拟化引擎位于主机和存储系统的数据通道中间（带内，In-Band）。带外虚拟化引擎是一个数据访问必须经过的设备，位于数据通道外（带外，Out-of-Band），仅仅向主机服务器传送一些控制信息（Metadata）来完成物理设备和逻辑卷之间的地址映射。

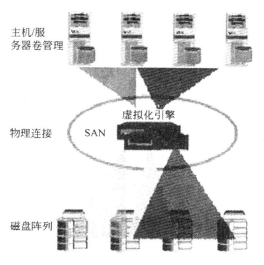

图 2－32　带内虚拟化引擎

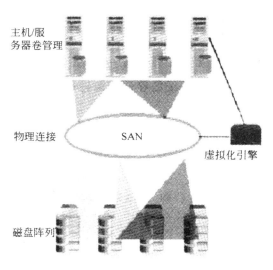

图 2－33　带外虚拟化引擎

第五节 应用虚拟化

应用虚拟化通常包括两层含义，一是应用软件虚拟化，二是桌面虚拟化。所谓应用软件虚拟化，就是将应用软件从操作系统中分离出来，通过自己压缩后的可执行文件夹来运行，而不需要任何设备驱动程序或者与用户的文件系统相连，借助于这种技术，用户可以减少应用软件的安全隐患和维护成本，以及进行合理的数据备份与恢复。除了可以将应用软件与操作系统分离外，还可以将应用软件流水化包装起来，应用软件无须安装，只要一部分程序能够在计算机上运行即可，用户只需使用他们自己所需的那部分程序或功能。

图 2-34 所示为应用虚拟化示意图。

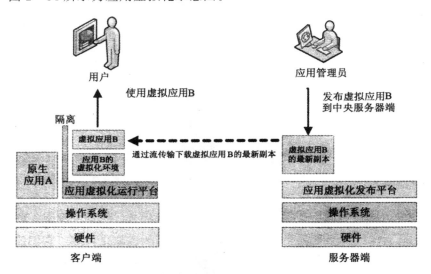

图 2-34 应用虚拟化示意图

第六节 桌面虚拟化

桌面虚拟化是指将桌面的计算机进行虚拟化，通过服务的形式交付桌面，要求以少的资源做更多的事，维持和提高桌面的管理效率，降低需要应用补丁花的时间，以达到桌面使用的安全性和灵活性。桌面虚拟化是基于云计算模型的托管服务，并且与服务器虚拟化结合，借用了各类终端接入云端。

桌面虚拟化如图2-35所示。

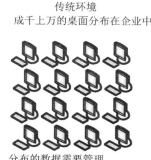

图2-35 桌面虚拟化

虚拟桌面的一个架构如图2-36所示。

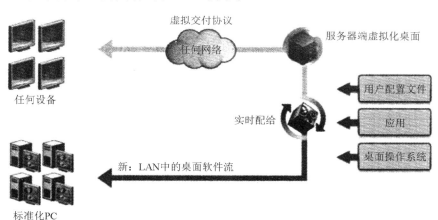

图2-36 桌面虚拟化架构

在桌面虚拟化环境下，需要解决的问题如下：

（1）如何实现用户的信息安全性？

（2）如何实现用户数据和信息的保密性？

（3）如何收用户的服务费？

图 2-37 是 VMware 公司的一个桌面虚拟化模式。

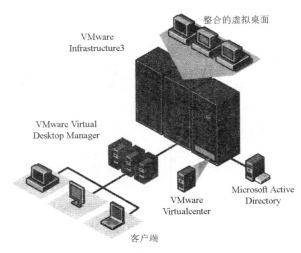

图 2-37　VMware 桌面虚拟化模式

　　而 Citrix 作为应用虚拟化的传统厂商，则采用了自己很成熟的"逻辑"拆分法，按照逻辑分类将其进行拆分，即对操作系统、应用与配置文件进行拆分，用时进行按需组装，这样能够保证不同逻辑单元的相互独立性，防止一方发生变化，对其他方面造成影响，如应用与系统的升级和维护。图 2-38 是 Citrix 的一个桌面虚拟化模式图。

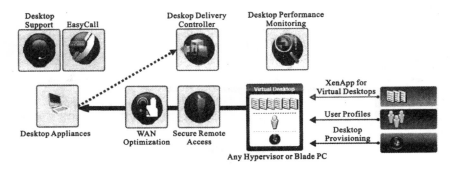

图 2-38　Citrix 桌面虚拟化模式图

第七节　虚拟化资源管理

一、云操作系统的主要功能

一般云操作系统应具有如下具体功能。

（1）用户、账号的管理，主要包括用户、账号创建、删除等。

（2）虚拟机模板的创建和管理。将资源池中的物理资源进行重新组织；将常用的运行环境保存为虚拟机模板，以方便创建一系列相同或相似的运行环境。

（3）虚拟机的管理，利用虚拟化技术实施虚拟机的创建及资源的配置、虚拟机的维护管理，主要包括虚拟机创建、启动、休眠、唤醒、关闭、销毁等。

（4）对所有的物理机和虚拟机各种资源的运行情况进行实时监控，包括虚拟机的 CPU、内存、存储设备等实时监控，并进行统计、显示，在必要的情况下发出预警。

（5）一旦有虚拟机或物理机发生故障宕机，可以在短时间内按照物理资源的情况自动迁移和恢复，以提供系统的高可用性。这些对用户完全透明。

（6）在计算资源允许的情况下，实现动态负载均衡、备份与恢复功能。

二、云操作系统开发的技术路线

通常云操作系统是在虚拟化软件基础之上进行开发的。目的是为云系统的各类用户提供统一的服务接口，为数据中心管理员提供更加方便、功能更强、可靠性更高、性能更好的资源管理工具，提供使用户得到安全、稳定、高效的数据中心服务。云操作系统的开发可有多种方案，但原理基本相同。

（一）云操作系统技术架构

云操作系统技术架构如图 2-39 所示。

图 2-39 共分四层，即硬件资源、虚拟化技术、云管理平台、虚拟机。各层意义解释如下。

（1）硬件资源层。本层主要是云数据中心的物理资源池，包括计算资源、存储资源、网络资源等，是云操作系统管理的对象之一。

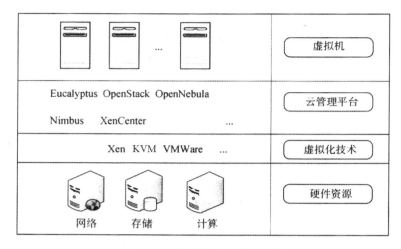

图 2 - 39　云操作系统技术架构

（2）虚拟化技术层。该层主要提供对物理资源进行虚拟化处理的驱动。典型的虚拟化软件有 Xen、KVM、VMWare 等，这些均有开源代码。

（3）云管理平台层。该层主要是在对虚拟化技术层的开源代码封装的基础上，进一步加工、完善而形成的云计算管理中间件。借助于此中间件，管理员和终端用户能够比较方便地完成云计算中心资源的管理和使用。

（4）虚拟机层。该层是经过虚拟化技术层处理后得到的虚拟机集合，是云操作系统管理的主要对象。

（二）云操作系统开发方法

基于上述的云操作系统技术架构，一般云操作系统开发方法有以下几种。

1. 基于虚拟化技术的开发方法

直接基于底层虚拟化技术层的开源代码可选择图中的 Xen、KVM、VMWare其中之一，开发具有各自功能特点和界面的云操作系统。本方法从虚拟化技术的底层进行开发，借助于开放的虚拟化管理底层驱动 libvirt 的接口对开源代码进行调用实现，能够更好更深入地开发定制功能。但是此方法需要精通底层的软硬件接口和驱动，并兼容不同硬件架构。因此基于底层虚拟化开源代码虽然灵活度高，功能可裁剪，但研制周期长，开发难度大。

2. 基于虚拟化管理软件的开发方法

基于虚拟化管理软件的开源代码可选择图中的 EucaIvptus、OpenStack、

OpenNebula、Nimbus、XenCenter 其中之一，开发具有不同功能及界面的云操作系统。本方法由于虚拟化管理软件已经将大部分功能实现，只需按照云操作系统功能要求，对所选定的虚拟化管理软件的功能进行分析，对其开源代码功能进行增加和剪裁，最终形成具有特色的管理界面。因此，基于虚拟化管理软件的开源代码的开发难度相对较小，但灵活度受限。

3. 完全自主开发的开发方法

从底层开始，即完全脱离底层虚拟化开源代码，自主开发。显然此种开发方法由于要和硬件直接打交道，其开发难度和工作量都很大。

由于虚拟化开源代码的以下特点，前两种开发方法更受青睐。开源代码特点如下：①代码开源，容易获取和使用；②无授权费用和使用费用；③可以基于开源代码进行二次开发；④开源代码的社区活动积极，技术先进，更新快；⑤社区开发和商业开发互相促进，具有良好的生态环境。

（三）基于虚拟化管理软件的云操作系统开发思路

这里仅以基于高层虚拟化管理软件的开发为例，介绍相关的技术点。如果选用基于高层虚拟化管理软件的开发方法，就面临着对虚拟化管理软件的选择。由于 OpenNebula 其功能的模块化，方便扩展升级，平台兼容性强，虚拟化管理功能全面实用，文档齐全，技术帮助和支持广泛，社区开发活跃，发展前景好。因此，下面就基于 OpenNebula 开源代码的开发方法为例进行简述。

1. 虚拟化管理软件 OpenNebula 架构分析的特点

表 2-1 给出了虚拟化管理软件 OpenNebula 具体架构的特点。图中的 LibVirt 是支持不同的虚拟化技术的统一接口，其屏蔽了底层虚拟化管理驱动和存储驱动的细节，为 OpenNebula 提供一个抽象的层，向虚拟化引擎发送指令，可对 KVM、QEMU、Xen、VMWare、OpenVZ、Virtual Box 等许多不同类型的虚拟化进行统一的管理。libvirt 支持多种语言：C、C＋＋、C♯、Java、PHP 等。在对 LibVirt 开源代码分析解剖的基础上，选择上述语言之一，通过调用其提供的统一接口，可开发拥有自主知识产权、满足应用需求的云操作系统。以此管理由 KVM、QEMU、Xen、VMWare、OpenVZ、Virtual Box 等不同底层软件虚拟化而形成的虚拟机资源。

OpenNebula 的架构包括三个部分：驱动层、核心层、工具层，如图 2-40所示。驱动层直接与操作系统打交道，负责虚拟机的创建、启动和关闭，为虚拟机分配存储空间，监控物理机和虚拟机的运行状况。核心层负责对虚拟机、存储设备、虚拟网络等进行管理。工具层通过命令行界面或浏览器界面方式提供用户交互接口，通过 API 方式提供程序调用接口。

表 2-1 开源虚拟化管理软件 OpenNebula 特点比较

Items	Eucalyptus	OpenNebula	Nimbus	OpenStack
OS Support	Linux	Linux	Linux	Linux
VM support	VMware，Xeu，KVM	VMware，Xen，KVM	Xen，KVM	VMware，Xen，KVM，XenServer
Storage	Warlus	NFS	Cumulus	Nova-volum，nova-objectstore
Structure	module	module	components	module
Web interfaee	Web Service	OCCI，Sunstone，Self-service	EC2 WSDL，WSRF	Dashboard，Django-Nova
develop language	Java，C	C++，C，Ruby，Java	Java，python	python
compatibility	EC2，S3	open，multi-platform	EC2	EC2，S3
Licensing	GPLv3	Apache 2.0	Anache 2.0	Apaehe
live migration	no	yes	no	yes
release version	2012-02-08 v3.0	2012-04-11 v3.4	2012-01-27 v2.9	2012-04-05 v5.0

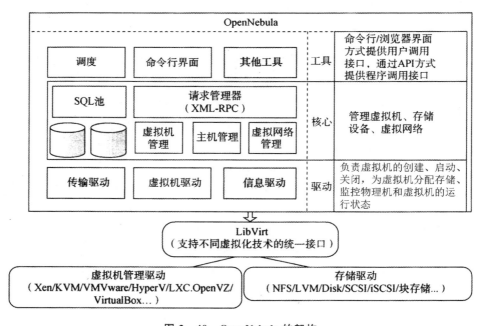

图 2-40 OpenNebula 的架构

OpenNebula 使用共享存储设备（例如 NFS）提供虚拟机映像服务，使得每一个计算节点都能够访问到相同的虚拟机映像资源。当用户需要启动或者是关闭某个虚拟机时，OpenNebula 通过 SSH 登录到计算节点，计算节点则通过虚拟化驱动（Drivers）来调用计算节点上的虚拟化控制命令。当计算节点使用 KVM、Xen 或者是 VMWare 作为虚拟化技术时，OpenNebula 使用 libvirt 所提供的接口远程调用计算节点上的虚拟化控制命令。这种模式也称为无代理模式，由于不需要在计算节点上安装额外的软件（或者服务），大大降低了系统的复杂度。

3. 云操作系统开发流程

（1）提出云操作系统的主要功能。

（2）对 OpenNebula 的虚拟化开源代码进行解剖，了解其代码架构、功能构成等，形成代码架构、功能构成图。

（3）针对功能需求，确定对 OpenNebula 的节点端软件和 OpenNebula 的管理中心端软件的改进和开发方案。

（4）根据改进方案，对 OpenNebula 源代码实施改造、扩展，形成基于 OpenNebula 源代码的具有自主知识产权的数据中心云操作系统。

（5）对研制的系统进行实用性测试和使用。

第八节　常见虚拟化软件

一、VirtualBox

VirtualBox 是一款开源免费的虚拟机软件，使用简单、性能优越、功能强大且软件本身并不臃肿，VirtualBox 是由德国软件公司 InnoTek 开发的虚拟化软件，现隶属于 Oracle 旗下，并更名为 Oracle VirtualBox。其宿主机的操作系统支持 Linux、Mac、Windows 三大操作平台，在 OracleVirtualBox 虚拟机里面，可安装的虚拟系统包括各个版本的 Windows 操作系统、Mac OS X（32 位和 64 位都支持）、Linux 内核的操作系统、OpenBSD、Solaris、IBM OS2 甚至 Android4.0 系统等操作系统，在这些虚拟的系统里面安装任何软件，都不会对原来的系统造成任何影响。它与同类的 VMware Workstation 虚拟化软件相比，VirtualBox 对 Mac 系统的支持要好很多，运行比较流畅，配置比较傻瓜化，对于新手来说也不需要太多的专业知识，很容易掌握，并且免费这一点就足以比商业化的 VMware Workstation 更吸引人，因此 VirtualBox 更适合预算有限的小环境。

二、VMware Workstation

VMware Workstation 是一款功能强大的商业虚拟化软件，和 VirtualBox 一样，仍然可以在一个宿主机上安装多个操作系统的虚拟机，宿主机的操作系统可以是 Windows 或 Linux，可以在 VMware Workstation 中运行的操作系统有 DOS、Windows 3.1、Windows 95、Windows 98、Windows 2000、Linux、FreeBSD 等。VMware Workstation 虚拟化软件虚拟的各种操作系统仍然是开发、测试、部署新的应用程序的最佳解决方案。VMware Workstation 占的空间比较大，VMware 公司同时还提供一个免费、精简的 Workstation 环，用户可以在 VMware 官方网站下载使用。对于企业的 IT 开发人员和系统管理员而言，VMware Workstation 在虚拟网络、实时快照、拖曳共享文件夹、支持 PXE 等方面的特点使它成为必不可少的工具。

总体来看，VMware Workstation 的优点在于其计算机虚拟能力，物理机隔离效果非常优秀，它的功能非常全面，倾向于计算机专业人员使用，其操作界面也很人性化。VMware Workstation 的缺点在于其体积庞大，安装时间耗时较久，并且在运行使用时占用物理机的资源较大。

三、KVM

KVM（Kernel - based Virtual Machine）是一种针对 Linux 内核的虚拟化基础架构，它支持具有硬件虚拟化扩展的处理器上的原生虚拟化。最初，它支持 x86 处理器，现在广泛支持各种处理器和操作系统，包括 Linux、BSD、Solaris、Windows、Haiku、ReactOS 和 AR - OS 等。基于内核的虚拟机（KVM）是针对包含虚拟化扩展（Intel VT 或 AMD - V）的 x86 硬件上的 Linux 的完全原生的虚拟化解决方案。对半虚拟化（Paravirtualization）的有限支持也可以通过半虚拟网络驱动程序的形式用于 Linux 和 Windows Guest 系统。

第三章

云计算环境下的数据库基础

第一节　数据模型

一、数据模型概述

数据库是一个单位或组织需要管理的全部相关数据的集合，这个集合被长期存储在计算机内，并且是有组织的、可共享的和被统一管理的。在数据库中不仅要反映出数据本身的内容，还要反映数据之间的联系。由于计算机不可能直接处理现实世界中的具体事物，所以必须使用相应的工具，先将具体事物转换成计算机能够处理的数据，然后再由计算机进行处理。这个工具就是数据模型，它是数据库系统中用于提供信息表示和操作手段的形式构架。

自 1968 年由 IBM 公司推出世界上第一个数据库管理系统 IMS 所使用的层次模型以来，数据模型一直受到数据库工作者们的关注。它经历了几个大的阶段，20 世纪 60 年代末到 70 年代初是面向记录的模型，如层次数据模型、网状数据模型；70 年代初成功开发出关系模型，从而使数据库进入一个新的"关系"时代；80 年代是数据模型的高产年代，在此期间开发出了各种语义的、扩展关系的、逻辑的、函数的、面向对象的数据模型等，形成了一个数据模型谱系，如图 3 - 1 所示。

数据模型是用来描述数据的一种数学形式体系。作为一种数据库的数据模型，它包括了三种基本工具：①一个描述数据、数据联系、数据语义学的概念及其符号表示系统；②一组用来处理这种数据的操作；③一组关于这些数据（包括结构与操作）的约束。

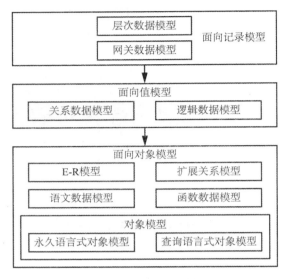

图 3 - 1　数据模型

　　数据模型应满足三方面要求：一是能比较真实地模拟现实世界；二是容易为人所理解；三是便于在计算机上实现。一种数据模型要很好地全面地满足这三方面的要求在目前尚很困难。因此，在数据库系统中针对不同的使用对象和应用目的，采用不同的数据模型。

　　如同在建筑设计和施工的不同阶段需要不同的图纸一样，在开发实施数据库应用系统中也需要使用不同的数据模型：概念模型、逻辑模型和物理模型。

　　根据模型应用的不同目的，可以将这些模型划分为两类，第一类是概念模型，第二类是逻辑模型和物理模型。它们分别属于两个不同的层次。

　　第一类概念模型（Conceptual Model），也称信息模型，它是按用户的观点来对数据和信息建模，主要用于数据库设计。

　　第二类中的逻辑模型主要包括层次模型（Hierarchical Model）、网状模型（Network Model）、关系模型（Relational Model）、面向对象模型（Object Oriented Model）和对象关系模型（Object Relational Model）等。它是按计算机系统的观点对数据建模，主要用于 DBMS 的实现。第二类中的物理模型是对数据低层的抽象，它描述数据在系统内部的表示方式和存取方法，在磁盘或磁带上的存储方式和存取方法，是面向计算机系统的。物理模型的具体实现是 DBMS 的任务，数据库设计人员要了解和选择物理模型，一般用户则不必考虑物理级的细节。

数据模型是数据库系统的核心和基础。各种机器上实现的 DBMS 软件都是基于某种数据模型或者说是支持某种数据模型的。

为了把现实世界中的具体事物抽象、组织为某一 DBMS 支持的数据模型，人们常常先将现实世界抽象为信息世界，然后将信息世界转换为机器世界。也就是说，把现实世界中的客观对象抽象为某一种信息结构，这种信息结构并不依赖于具体的计算机系统，不是某一个 DBMS 支持的数据模型，而是概念级的模型；然后再把概念模型转换为计算机上某一 DBMS 支持的数据模型，这一过程如图 3-2 所示。

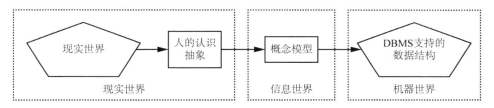

图 3-2　从现实世界到机器世界的过程

数据库系统是用数据模型来对现实世界进行抽象的，数据模型是提供信息和操作手段的形式框架。数据模型根据应用的目的不同，分为两个层次：概念模型（或信息模型），是按用户观点对数据和信息的建模；数据模型（如关系模型），是按计算机观点对数据建模。

概念模型用于信息世界的建模，强调语义表达能力，能够较方便、直接地表达应用中各种语义知识，应当概念简单、清晰、易于用户理解。概念模型主要用于用户和数据库设计人员之间的交流。

数据模型用于描述数据世界，有严格的形式化定义和限制规定，便于在计算机上实现，它是数据库系统的数学基础，不同的数据模型构造出不同的数据库系统。如层次数据模型构造出层次数据库系统（以 IMS 为代表），网状模型构造出网状数据库系统（以 DBTG 为代表），关系模型构造出关系数据库系统（以 ORACLE 为代表）。

数据模型应满足 3 个要求：①能比较真实地模拟现实世界；②容易为人所理解；③便于在计算机上实现。

二、常见的数据模型

(一) 层次模型

层次模型（Hierarchical Model）是按照层次结构的形式组织数据库数据的数据模型，是三种传统的逻辑数据模型（层次模型、网状模型和关系模型）之一，是出现最早的一种数据库管理系统的数据模型。

层次模型的一个基本的特点是，任何一个给定的记录值只有按其路径查看时，才能展现出它的全部意义，没有一个子女记录值能够脱离双亲记录值而独立存在。

层次模型最明显的特点是层次清楚、构造简单及易于实现，它可以很方便地表示出一对一和一对多这两种实体之间的联系。但由于层次模型需要满足上面两个条件，这样就使得多对多联系不能直接用层次模型表示。如果要用层次模型来表示实体之间的多对多联系，则必须首先将实体之间的多对多联系分解为几个一对多联系。分解方法有两种：冗余节点法和虚拟节点法。

层次模型的优缺点如下。

（1）层次数据模型本身比较简单。

（2）对于实体间联系是固定的且预先定义好的应用系统，采用层次模型来实现，其性能优于关系模型，不低于网状模型。

（3）层次数据模型提供了良好的完整性支持。

（4）现实世界中的很多联系是非层次性的，如多对多联系、一个节点具有多个双亲等，在层次模型中表示这类联系比较难，只能通过引入冗余数据（易产生不一致）或创建非自然组织（引入虚拟节点）来解决。

（5）对插入和删除操作的限制比较多。

（6）查询子节点必须通过双亲节点。

（7）由于结构严密，层次命令趋于程序化。

在典型的层次数据库系统中，IMS 数据库管理系统是第一个大型商用DBMS，于 1968 年推出，由 IBM 公司研制。

如图 3-3 所示，一个具有层次结构的数据库，IMS 中把构成层次结构的一组实体称作层次型，层次型中的每个实体称作片段（Segment），而组成片段的最小数据单位是字段。

在 IMS 中不是按文件组织数据，而是按层次组织数据。为了更好地理解层次的概念，针对图 3-5 所示的层次数据库，在图 3-6 中给出了几个具体的

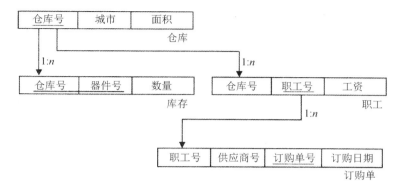

图 3 - 3 层次结构的数据库

实例。仓库文件是层次型的根文件，也就是说该文件没有父文件，对每个仓库记录值可以有多个库存记录值和多个职工记录值，对每个职工记录值可以有多个订购单记录值，这些都可以从图 3 - 4 中看出。

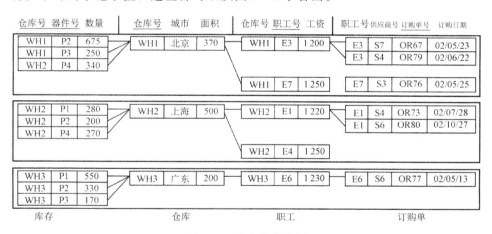

图 3 - 4 层次数据实例

由一个仓库根记录值和它的库存子记录值、职工子记录值及这些职工记录值的订购单子记录值组成的一组记录值是层次型的一个实例，把它称作层次值（Occurrence）。因此，每个层次型是由层次值的集合组成的，在一个层次型中有多少层次值，在相应的根文件中就有多少根记录。

在 IMS 数据库中数据总是按照层次存储的，一个层次值称作一个数据库记录，而习惯意义上的"记录"在这里称作是片段。检索或数据操作也是按

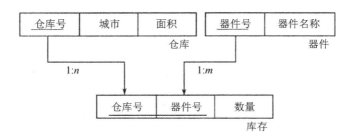

图 3 - 5　两个父记录型

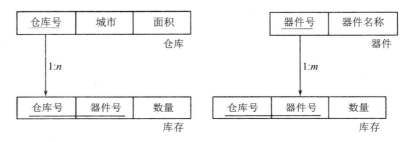

图 3 - 6　分解成两个层次型

层次进行的，例如，给定一个父记录，可以检索到一个子记录或子记录的子记录，或者给定一个子记录，按层次顺序检索到下一个子记录等。

层次型数据库不支持多对多联系，但如果把多对多联系转换成一对多联系，又会出现一个子记录型有多个父记录型的结果，具体如图 3 - 8 所示。对于同样不符合层次数据库的要求，其解决方法是将它分解成两个层次型，如图 3 - 9 所示。这样库存记录不就要重复存储了吗？不就很容易造成数据的不一致吗？这种担心是有道理的，但是却没有必要，因为 IMS 会很好地处理这个问题，实际上数据库中只存储一个库存记录的版本，而另一个自然就是"逻辑上"的，它可以利用指针指向存储记录。

层次数据模型或层次数据库是由若干层次型构成的，或者说它是一个层次型的集合。

（二）网状模型

所谓网状模型（Network Model）是指利用网状结构表示实体及其之间联系的模型。网状模型（也称 DBTG 模型）是一个比层次模型更具普遍性的数据结构，是层次模型的一个特例。网状模型可以直接描述现实世界，这是因为去掉了层次模型的两个限制，网状模型的特征是：①可以有一个以上的结点没有父结点；②网中的每一个结点代表一个记录类型，联系用链接指针来实现。

广义地讲，任何一个连通的基本层次联系的集合都是网状模型。图 3 - 7 所示为一个简单的网状模型。由于每一个基本层次联系都代表一对多的联系，因此，若将图形倒置也不可能变成层次模型。图 3 - 7（a）中的每一个结点为一个记录类型，图 3 - 7（b）是图 3 - 7（a）的一个具体示例。其中用单向环形链接指针实现联系。可以看出，如果零件和配件数量较多，链接将非常复杂。

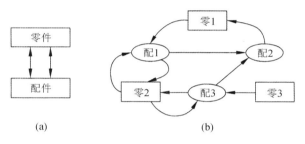

图 3 - 7　网状模型示意图

网状模型中的每个结点表示一个记录类型（实体），每个记录类型可以包含若干个字段（实体的属性），结点间的连线表示记录类型之间一对多的联系。层次模型和网状模型的主要区别如下：①网状模型中，子女结点与双亲结点的联系不唯一，因此需要为每个联系命名；②网状模型允许复合链，即两个结点之间有两种以上的联系；③网状模型不能表示记录之间的多对多联系，需要引进连接记录来表示多对多的联系。

通常，网状数据模型没有层次模型那样严格的完整性约束条件，但 DBTG 在模型 DDL 中提供了定义 DBTG 数据库完整性的若干概念和语句：①支持记录码的概念，记录码能唯一表示记录的数据项集合；②保证一个联系中双亲记录和子女记录之间是一对多的联系；③支持双亲记录和子女记录之间的某些约束条件。

网状模型的主要优点是能更为直接地描述现实世界，具有良好的性能，存取效率高。

网状模型的主要缺点是结构复杂。例如，当应用环境不断扩大时，数据库结构就变得很复杂，不利于最终用户掌握，编制应用程序的难度比较大，

DBTG 模型的 DDL、DML 语言复杂，记录之间的联系是通过存取路径来实现的，因此程序员必须了解系统结构的细节，增大了编写应用程序的难度。

下面以学生选课为例，说明网状数据库模式是怎样来组织数据的。学生与课程之间是多对多联系，在网状数据模型中，通过引入联结记录的方式将多对多联系转换为一对多联系。学生选课数据库的网状数据库模式如图 3 - 8 所示，它包含 3 个记录：学生、课程、选课。其中选课记录为联结记录，每个学生可以选修多门课程。显然对于学生记录中的一个值，选课记录中可以有多个值与之联系，而选课记录中的一个值只能与学生记录中的一个值联系。学生与选课之间的联系是一对多的联系，联系名为 S - SC。同样，课程与选课之间的联系也是一对多的联系，联系名为 C - SC。

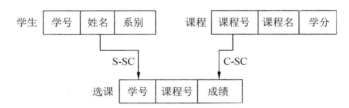

图 3 - 8　学生选课数据库的网状数据库模式

网状模型和层次模型在本质上是一样的。从逻辑上看，它们都是基本层次联系的集合，用结点表示实体，用箭头表示实体间的联系。从物理结构上看，它们的每一个结点都是一个存储记录，用链接指针来实现实体之间的联系。当存储数据时这些指针就固定下来了，检索数据时必须考虑存取路径问题；数据更新时，涉及链接指针的调整，缺乏灵活性；系统扩充相当麻烦，网状模型中的指针更多，纵横交错，从而使数据结构更加复杂。

网状模型的典型代表是 CODASYL 系统，它是 CODASYL 组织的标准建议的具体体现。ODASYL 最初是负责 COBOL 程序设计语言开发的一个非官办组织，最终的 CODASYL 建议经过了十几年几个版本的修改，最后的版本认真遵循了 ANSI/SPARC（American National Standard Institute/Standards Planning And Requirements Committee）的三级结构数据库系统方案，即含有概念模式、存储模式和外部模式的数据库系统结构。

层次模型是按层次组织数据，而 CODASYL 模型是按系（Set）组织数据。所谓系可以理解为命名了的联系，它由一个父记录型和一个或多个子记录型构成。

图 3-9 所为一个典型网状模型，在这个图中用命名了的系名替代了表示联系的连线旁原来表示一对多联系的 $1:n$。

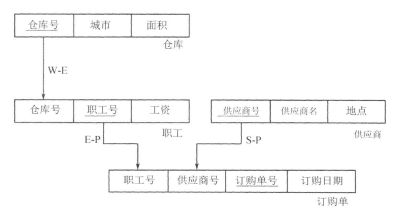

图 3-9　一个网络模型数据库

在 CODASYL 系中把父记录称作主记录或首记录，而把子记录称作属记录或成员记录。

这样，W-E 系由仓库主记录和职工属记录构成；E-P 系由职工主记录和订购单属记录构成；S-P 系由供应商主记录和订购单属记录构成。从这里可以看出，一个记录型既可以作为一个系的主记录型，又可以作为另一个系的属记录型。

如图 3-10 所示，其中图 3-10（a）是把仓库和在仓库工作的职工结合起来，而图 3-10（b）是把一个职工和他（或她）经手的订购单结合在一起，CODASYL 系基本基于两个实体间的相互联系这种思想。也就是说，系是 CODASYL 用来描述一对多联系的工具。

系的概念是非常自然的。例如，当考虑仓库 X 的职工时，只考虑一个系值的主记录和属记录，这样，一个关联复杂的实体的系，可以用普通语言的单数名词所有格或主谓宾结构来表达。比如，教授（主记录）的学生（属记录），公司（主记录）的产品（属记录），工人（主记录）操作机器（属记录），机器（主记录）的零件（属记录）等。

CODASYL 系仅能表示两层的实体联系，也就是说，系是一个两级树。

一些系值如图 3-11 所示，注意其中某些系值只有主记录值，而没有属记录值，这是很正常的。在一个系值中，一个主记录值可以有 0 个或多个属记录值，但在一个系值中每个属记录值有且仅有一个主记录值。

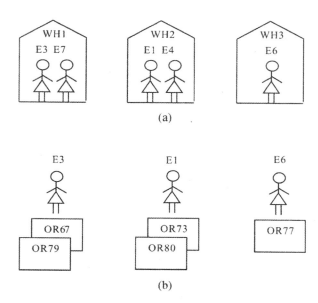

图 3-10 系实例示意

在 CODASYL 系统中系内的记录之间的联系是靠指针实现的。读者应该清楚,不管一个记录参加了多少个系值(一个记录值可以属于不同系型的不同系值),但它只被存储了一遍,只有一个存储版本,其他都是靠指针实现的。网络数据模型数据库的指针系统是很复杂的。

(三)关系数据模型

1970 年美国 IBM 公司的研究员在关系代数的基础上提出了一种相对简单的数据模型——关系模型,开创了数据库关系方法和关系数据理论的研究,为目前市场上主流的关系数据库系统奠定了理论基础,

20 世纪 80 年代以来,新推出的数据库管理系统几乎都支持关系模型,非关系系统的产品也都加上了关系接口,关系数据库成为市场上最流行、也最重要的数据库类型。目前,数据库领域的研究和开发工作也几乎都以关系方法为基础。

关系模型建立在严格的数学基础上。在关系模型中,数据的组织方式或其逻辑结构是关系,在用户的眼中,一个关系就是一张二维表。在以往的格式化模型中,实体用记录表示,实体之间的联系用记录之间的两两联系表示,而在关系模型中,无论实体还是实体之间的联系统一用关系表示。

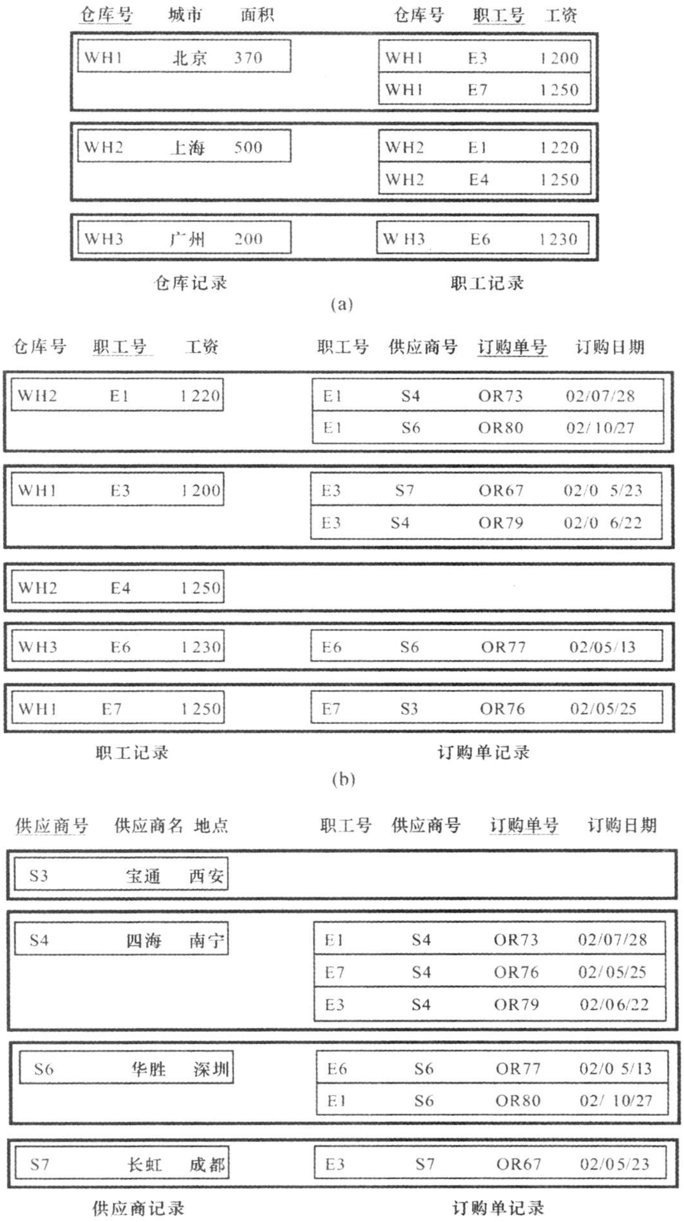

仓库号	城市	面积
WH1	北京	370
WH2	上海	500
WH3	广州	200

仓库记录

仓库号	职工号	工资
WH1	E3	1 200
WH1	E7	1 250
WH2	E1	1 220
WH2	E4	1 250
WH3	E6	1 230

职工记录

(a)

仓库号	职工号	工资
WH2	E1	1 220
WH1	E3	1 200
WH2	E4	1 250
WH3	E6	1 230
WH1	E7	1 250

职工记录

职工号	供应商号	订购单号	订购日期
E1	S4	OR73	02/07/28
E1	S6	OR80	02/10/27
E3	S7	OR67	02/0 5/23
E3	S4	OR79	02/0 6/22
E6	S6	OR77	02/05/13
E7	S3	OR76	02/05/25

订购单记录

(b)

供应商号	供应商名	地点
S3	宝通	西安
S4	四海	南宁
S6	华胜	深圳
S7	长虹	成都

供应商记录

职工号	供应商号	订购单号	订购日期
E1	S4	OR73	02/07/28
E7	S4	OR76	02/05/25
E3	S4	OR79	02/06/22
E6	S6	OR77	02/0 5/13
E1	S6	OR80	02/ 10/27
E3	S7	OR67	02/0 5/23

订购单记录

图 3 - 11　系值实例

关系中的每一行称为一个元组，对应于一个具体的实体或实体之间的联系。关系中的每一列称为一个属性，在关系中需要给每一个属性起一个名称即属性名，属性名给相应的属性值以一定的解释。如前所述，在关系的所有属性中，可以唯一确定一个元组的属性或属性的最小组合就是该关系的候选码。如果候选码多于一个，则选取其中一个候选码作为主码。在关系模型中，每一个关系都应有一个主码（尽管很多实际的数据库管理系统允许没有主码的关系存在）。

随着对数据的插入、删除和修改，关系是不断变化的，但关系的结构及其特征却是相对稳定的。对关系的结构及其特征的抽象描述称为关系模式，一般表示为：

关系名（属性1，属性2，……，属性n）

关系模型要求关系必须是规范化的，即要求关系必须满足一定的规范条件，其中最基本的规范条件就是，关系的每一列都是不可再分的，也就是说，不允许大表之中还套有小表。

关系数据库已成为目前应用最广泛的数据库系统，如现在广泛使用的小型数据库系统 Access，大型数据库系统 Oracle、Informix、Sybase、SQL Server 等都是关系数据库系统。

关系模型（relational model）的主要特征是用二维表格结构表示实体集。与前两种模型相比关系模型比较简单，容易为初学者接受。关系模型是由若干个关系模式组成的集合，关系模式相当于前面谈到的记录类型，它的实例称为关系，每个关系实际上是一张表格。

在用户看来，关系模型中数据的逻辑结构是一张二维表。在日常生活中，人们都非常熟悉花名册、工资表、成绩单等二维表。这些二维表具有如下特点：①表有表名，如计算机学院02班学生名单；②表由两部分构成，如一个表头和若干行数据；③从垂直方向看，表有若干列，每列都有列名，如学号、姓名等；④同一列的值取自同一个定义域，如性别的定义域是（男、女），学号只能取整数；⑤每一行的数据代表一个学生的信息，每一个学生在表中有一行。

关系模型的数据结构是一个"二维表框架"组成的集合，每个二维表又可称为关系，所以关系模型是"关系框架"的集合。

关系模型与层次模型、网状模型不同，它是建立在严格的数学概念之上的。在关系模型中，实体以及实体间的联系都是用关系来表示。例如，学生、课程、学生与课程之间的多对多联系在关系模型中可以表示如下。

学生（学号，姓名，性别，年龄，班级号，系别）

课程（课程号，课程名称，学分，任课教师，前驱课程）

学习（学号，课程号，成绩）

关系模型要求关系必须是规范化的，即要求关系必须满足一定的规范条件。这些规范条件中最基本的一条就是，关系的每一个分量必须是一个不可分的数据项。也就是说，不允许表中还有表。

关系模型的数据操作主要包括查询、插入、删除和修改数据，这些操作必须满足关系的完整性约束条件，即实体完整性、参照完整性和用户定义的完整性。

在非关系模型中，操作对象是单个记录，而关系模型中的数据操作是集合操作，操作对象和操作结果都是关系，即若干元组的集合；用户只要指出"干什么"，而不必详细说明"怎么干"，从而大大地提高了数据的独立性，提高了用户的生产率。

关系模型的优点主要如下：①与非关系模型不同，它有较强的数学理论根据；②数据结构简单、清晰，用户易懂易用，不仅用关系描述实体，而且用关系描述实体间的联系；③关系模型的存取路径对用户透明，从而具有更高的数据独立性、更好的安全保密性，也简化了程序员的工作和数据库建立和开发的工作。

关系模型的缺点主要是：由于存取路径对用户透明，查询效率往往不如非关系模型，因此，为了提高性能，必须对用户的查询表示进行优化，增加了开发数据库管理系统的负担。

以上介绍的三种传统数据模型在数据库技术发展的早期或中期被普遍采用，但随着数据库技术的应用领域不断拓展，其处理对象从格式化发展到非格式化，从二维空间发展到多维空间，从静态数据发展到时态数据，从固定类型发展到自定义类型。传统的数据模型以记录为基础，语义贫乏，数据类型少，已经远远不能适应新的应用需求。由此，新型的对象模型应运而生。

（四）面向对象模型

由于关系模型比层次、网状模型简单灵活，因此，在数据处理领域中，关系数据库的使用已相当普遍。现实世界存在着许多含有复杂数据结构的应用领域，如 CAD 数据、图形数据等，它们需要更高级的数据库技术表达这类信息。面向对象的概念最早出现在程序设计语言中，随后迅速渗透到计算机领域的每一个分支，现已使用在数据库技术中。面向对象数据库是面向对象概念与数据库技术相结合的产物。

面向对象模型（object‐oriented model）中最基本的概念是对象（object）和类（class）。对象是现实世界中实体的模型化，与记录概念相仿，但远比记录复杂。每个对象有一个唯一的标识符，把状态（state）和行为（behavior）封装（encapsulate）在一起。其中，对象的状态是该对象属性值的集合，对象的行为是在对象状态上操作的方法集。共享同一属性集和方法集的所有对象构成一个类。类的属性值域可以是基本数据类型（整型、实型、字符串型），也可以是类，或由上述值域组成的记录或集合。也就是说，类可以有嵌套结构。系统中所有的类组成一个有根的有向无环图，叫类层次。上层称为父类，下层称为子类。一个类从类层次中的直接或间接父类那里继承所有的属性的方法。用这个方法实现软件的可重用性。对象之间通过消息通信，当一个对象要求另一个对象作某一个动作时，就向它发送一个消息，以激活它的某个方法。对象的每个方法都对应且仅对应一条消息。

在面向对象数据模型中，基本结构是对象而不是记录，一切事物、概念都可以看作对象。一个对象不仅包括描述它的数据，而且还包括对它进行操作的方法的定义。另外，面向对象数据模型是一种可扩充的数据模型，用户可根据应用需要定义新的数据类型及相应的约束和操作，而且比传统数据模型具有更丰富的语义。

面向对象数据模型即用面向对象方法所建立的数据模型，它包括数据模式、建立在模式上的操作以及建立在模式上的约束。

（1）数据模式——对象与类结构。用对象与类结构以及类之间继承与组合关系建立数据间的复杂结构关系，这种模式结构的语义表示能力远比 E‐R 方法强。

（2）模式上的操作——对象与类中方法。用对象与类中方法来构建模式上的操作，这种操作语义范围远比传统数据模型要强。例如可以构建一个圆形类，它的操作包括可以查询、增、删、改外还可以有圆形的放大/缩小、图形的移动、拼接等，因此面向对象数据模型具有比传统数据模型更强的功能。

（3）模式约束。模式约束是一种逻辑型的方法，就是一种逻辑表达式，因此也可以用类中方法表示模式约束。

面向对象数据模型是一种比传统数据模型更加优越的模型，它可归结为如下几个方面：①面向对象数据模型是一种层次式的结构模型，它是以类为基本单位，以继承与组合为结构方式所组成的图结构形式，这种结构具有丰富的含义，能准确表达客观世界复杂的结构形式；②面向对象数据模型是一种将数据与操作封装于一体的结构体，使 OODM 中的类成为具有独立运作能力的实体，它扩大了传统数据模型中实体集仅是单一数据集的不足之处。

面向对象数据模型具有能构造多种复杂抽象数据类型的能力。我们知道数据类型是一种类，如实型是一种类，它是实数与实数操作所组成的类，所以我们可以用构造类的方法构造数据类型，可以构造成多种复杂的数据类型，称为抽象数据类型（Abstract Data Type，ADT）。例如可以用类的方法构造元组、数组、队列、包和集合等，也可以用类的方法构造向量空间等多种数据类型从而使数据类型大为扩充。

在面向对象数据模型中，我们用面向对象方法的一些基本概念和基本方法来标识这三个组成部分：对象、方法、类的继承。

根据数据模型的三要素：数据结构、数据操作和数据约束条件，将面向对象数据模型与关系数据模型做一简单比较。

（1）在关系数据模型中，基本数据结构是表，相当于面向对象数据模型中的类；关系模型中的数据元组相当于面向对象数据模型中的实例（对象）。它们的区别在于模型的类中还包括方法，关系数据模型中只有实体的属性而没有对实体的操作。

（2）在关系数据模型中，对数据库的操作都归结为对关系的运算，而在面向对象数据模型中对类的操作分为两部分：一部分是封装在类内的操作即方法，另一部分是类间相互沟通的操作即消息。

（3）在关系数据模型中，有域、实体和参照完整性约束，完整性约束条件可以用逻辑公式表示，称为完整性约束方法。在面向对象数据模型中，这些用于约束的公式可以用方法或消息表示，称为完整性约束消息。

总之，面向对象数据模型是用面向对象的观点来描述现实世界实体（对象）的逻辑组织、对象间限制和联系等的模型。它能完整地描述现实世界的数据结构，具有丰富的表达能力，但该模型相对比较复杂，涉及的知识比较多。

（五）对象-关系模型

由于面向对象数据库系统并不支持 SQL 语言，在通用性方面丢失了关系数据库的优势。因此，高级 DBMS 功能委员会于 1990 年发表了"第三代数据库系统宣言"，提出第三代数据库系统必须保持关系数据库系统的非过程化数据存取方式和数据独立性，支持原有的数据管理。对象-关系数据库系统就是按照这样的目标，将面向对象技术和关系数据库技术有机地结合起来，并对关系模型进行了适当的扩展。

对象关系数据模型从关系数据模型出发，转向对象思维，以关系数据库和 SQL 为基础扩展关系模型，具有扩展数据类型和允许用户自定义函数，同时具备面向对象特征。满足关系数据库用户的要求，同时支持具有复杂数据管理需要的应用，加强的查询功能，有很多大的数据库厂商支持。除了具备原来关系数据模型的各种特点外，还应提供以下特点：扩充数据类型；支持复杂对象管理（组合、集合、引用）；支持继承（子类/超类，单继承/多继承）；提供通用规则系统（事件和动作为任意 SQL 语句的主动性规则、自定义函数、规则的继承）。

1. 扩充数据类型

传统关系数据库系统采用的是符合 1NF 要求的规范化的关系模式，每个属性的取值均是一个不可分割的标量值，且一般只提供字符、数值、日期、时间、逻辑等几种简单数据类型，无法满足对复杂数据对象的描述需要，因此，在对象关系数据库系统中均引入了多种扩充的复杂数据类型。

（1）结构化数据类型。允许每个属性的取值可以是一个结构化的值，因此，可以引入日期（年，月，日）、时间（时，分，秒）和时间戳（日期，时间）等结构化的数据类型。

（2）聚集数据类型。允许每个属性的取值可以是一个集合值，包括集合（Set）、数组（Array）、序列（List）和包（Bag）四种集合数据类型。

（3）空间数据类型。可以使用表示平面和三维空间数据对象的几何拓扑数据类型，包括点、线、面、角度等。

（4）度量衡数据类型。可以使用各种度量单位类型，如用于表示长度、重量、货币等方面的多种不同的度量单位及其相互转换规则。

除了上述几种常用的复杂数据类型之外，系统一般还提供自定义数据类型（Create Type）的功能，用户可以定义自己需要的复杂数据类型。这些数据类型一经定义，便以持久形式保存在数据库系统中，用户可以像使用一般数据类型一样使用这些复杂的数据类型。

2. 支持复杂对象

对象-关系数据库系统中关系的属性域是非原子的，可以用复合数据类型表示，也可以是一个关系，称为嵌套关系。复合数据类型有组合类型、集合类型和引用类型三大类。组合类型是由不同类型数据值组成的；集合类型是相同类型值的组合；引用类型是指向任意类型实例的指针。用复合数据类型构造复杂对象（抽象数据类型 ADT），定义一个组合数据类型。

集合类型用关键词 setof（T）说明，T 是任意数据类型。setof（T）是类型为 T 的值的集合数据类型。引用类型用关键词 ref（T）说明，T 可以是任意数据类型。

扩充的数据类型的使用方法：允许用户定义的函数使用组合、集合、引用等作为参数或返回值；返回组合、集合、引用等类型的函数可以出现在 SQL 查询的 FROM 子句中；用"级联点注"来引用组合、集合、引用等对象的属性。

3. 支持继承（子类/超类，单继承/多继承）

继承可以在类型一级说明，也可以用于表一级。

CREATE TYPE… UNDER<超类名>

CREATE TABLE… UND 职<超类名>

多重继承用 UNDER 后说明多个类型。

多重继承会出现属性冲突，解决方法是在超类中重新定义冲突属性名或者在子类中重新定义冲突属性名。

4. 提供通用规则系统

事件和动作为任意 SQL 语句的主动性规则、自定义函数、规则的继承。一个完善的对象-关系 DBMS 应该提供功能强大、通用的规则系统。规则在许多 DBMS 应用中非常有价值，因为它大大有利于对数据库中数据完整性的保护。虽然在关系型系统中已经通过触发器的使用对规则提供某些支持，但对象-关系 DBMS 支持的规则系统要更强大而且灵活得多。

DBMS 中规则的范型是在 20 世纪 80 年代人工智能领域流行的产生式系统。规则定义的一般格式如下：

ON 事件 DO 动作

由于对象-关系数据库系统既能适应新应用领域的需求，也能继续满足关系数据库应用发展的需要。目前几乎所有的关系数据库厂商都在不同程度上对关系模型进行了扩展，推出了对象-关系数据库管理系统产品，对象-关系数据库系统的应用也日趋广泛。

（六）XML 数据模型

随着 Web 应用的发展，越来越多的应用都将数据表示成 XML 的形式，XML 已成为网上数据交换的标准。所以当前数据库管理系统都扩展了对 XML 的处理，存储 XML 数据，支持 XML 和关系数据之间的相互转换。由于 XML 数据模型不同于传统的关系模型和对象模型，其灵活性和复杂性导致了许多新问题的出现。在学术界，XML 数据处理技术成为数据库、信息检索及许多其他相关领域研究的热点，涌现了许多研究方向，包括 XML 数据模型、XML 数据的存储和索引、XML 查询处理和优化、XML 数据压缩、XML 检索等。

XML 数据类似与半结构化数据，可当着板结构化数据的特例，但二者存在差别，半结构化数据模型无法描述 XML 的特征。

（七）半结构化数据模型

Web 环境中的数据大都是半结构化的数据（Semi‐Structured Data）和无结构（Unstructured Data）的数据。随着 Internet 的迅速发展，海量的 Web 数据已经成为一种新的重要的信息资源，如何对 Web 数据进行有效的访问和管理已经成为信息领域也是数据库领域面临的新课题。

一般的，半结构化数据存在一定的结构，但这些结构或者没有被清晰地描述，或者是经常动态变化的，或者过于复杂而不能被传统的模式定义来表现。因此，必须针对半结构化数据的特点，研究它的数据模型及描述形式，这是研究半结构化数据模式提取方法的基础。

从描述形式上，半结构化数据大致可分为基于逻辑的描述形式和基于图的两类描述形式。

采用逻辑方式描述半结构化数据模型的代表有 AT&T 实验室的 Information Manifold 系统。它采用描述逻辑（description logic）来表示数据模型。还有用一阶逻辑（first‐order logic）和 Datalog 规则描述数据模型的方法。Datalog 规则描述半结构化数据模型的主要思想是通过指明对象的入边和出边来定义对象的类型，数据模型定义就是一组 Datalog 规则。

第二节　关系数据理论

一、关系模型

（一）关系的形式定义

通常把关系称为二维表，这是对关系的直观描述。由于关系的概念源于数学，所以有必要从数学的角度给出关系的形式化定义，并对有关概念做一论述。

为了给出形式化的关系定义，首先定义笛卡儿积：

设 D_1，D_2，$\cdots$，D_n 为任意集合，定义 D_1，D_2，$\cdots$，D_n 的笛卡儿积为

$$D_1 \times D_2 \times \cdots \times D_n = \{(d_1, d_2, \cdots, d_n)\} \mid d_i \in D_i, i = 1, \cdots, n\}$$

其中，集合的每一个元素 $(d_1$，d_2，$\cdots$，$d_n)$ 称作一个 n 元组，简称元组，元组中每一个 d_i 称作元组的一个分量。

假设：

$$D_1 = \{P2, P4, P7, P9\}$$

$$D_2 = \{显示卡, 声卡, 解压卡\}$$

则 $D_1 \times D_2 = \{$（P2，显示卡），（P2，声卡），（P2，解压卡），（P4，显示卡），（P4，声卡），（P4，解压卡），（P7，显示卡），（P7，声卡），（P7，解压卡），（P9，显示卡），（P9，声卡），（P9，解压卡）$\}$

笛卡尔积实际上就是一个二维表，如图 3-12 所示。

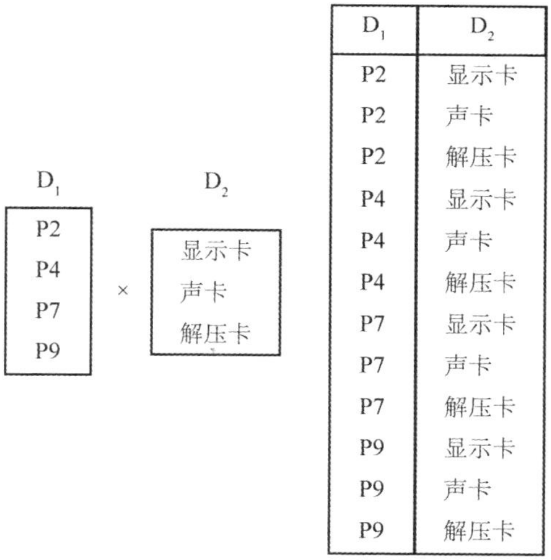

图 3-12 笛卡尔积

在图 3-12 中，表的任意一行就是一个元组，它的第一个分量来自 D_1，第二个分量来自 D_2。笛卡尔积就是所有这样的元组的集合。

根据笛卡儿积的定义可以给出一个关系的形式化定义：笛卡儿积 $D_1 \times D_2 \times \cdots \times D_n$ 的任意一个子集称为 D_1，D_2，$\cdots$，D_n 上的一个 n 元关系。

形式化的关系定义同样可以把关系看成二维表，给表的每一列取一个名

字，称为属性。元关系有 n 个属性，属性的名字要唯一。属性的取值范围 D_i $(i=1，\cdots，n)$ 称为值域（Domain）。

比如对刚才的例子，取子集：

$$R=\{(P2,显示卡),(P4,声卡),(P7,声卡),(P9,解压卡)\}$$

构成一个关系。二维表的形式如图 3-13 所示，把第一个属性命名为器件号，把第二个属件命名为器件名称。

器件号	器件名称
P2	显示卡
P4	声卡
P7	声卡
P9	解压卡

图 3-13 一个关系

注意：

（1）关系是元组的集合，集合（关系）中的元素（元组）是无序的；而元组不是分量的集合，元组中的分量是有序的。例如，在关系中 $(a，b)\neq(b，a)$，但在集合中 $\{a，b\}=\{b，a\}$。

（2）若一个关系的元组个数是无限的，则该关系称为无限关系，否则称为有限关系；在数据库中只考虑有限关系。若关系中的某一属性组的值能唯一地表示一个元组，则称该属性组为候选码（Candidate key）。若一个关系有多个候选码，则选定其中一个为主码（Primary key）。候选码的诸属性称为主属性（Prime attribute）。不包含在任何候选码中的属性称为非主属性（Non - prime attribute）或非码属性（Non - key attribute）。在最简单的情况下，候选码只包含一个属性。在最极端的情况下，关系模式的所有属性是这个关系模式的候选码，称为全码（All - key）。

在关系数据库中可以通过外部关键字使两个关系关联，这种联系通常是一对多（$1：n$）的，其中主（父）关系（1 方）称为被参照关系（Referenced relation），从（子）关系（n 方）称为参照关系（Referencing relation）。图 3-14说明了通过外部关键字关联的两个关系，其中职工关系通过外部关键字仓库号参照仓库关系。

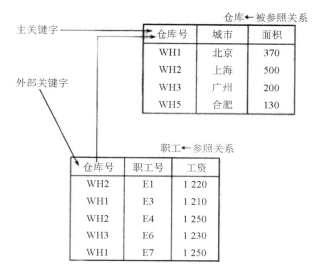

图 3 - 14 参照关系与被参照关系

（二）关系数据结构

在关系模型中，无论是实体还是实体间的各种联系均用关系（Relation）来表示。在用户看来，关系模型中数据的逻辑结构是一张二维表。

1. 域和基数

域是一组具有相同数据类型的值的集合，常用来表明所定义属性的取值范围。例如，整数、字符串、实数、集合，小于 100 的正整数等都可以是域。若域中元素个数有限，则元素个数称为域的基数。

2. 笛卡尔积

对于给定一组域 D_1，D_2，$\cdots$，D_n，则 D_1，D_2，$\cdots$，D_n 的笛卡尔积为：

$$D_1 \times D_2 \times \cdots \times D_n = \{(d_1,d_2,\cdots,d_n) \mid d_i \in D_i, i = 1,2,\cdots,n\}$$

其中，每一个元素 $(d_1$，d_2，$\cdots$，$d_n)$ 叫做一个元组，元素中的每一个值 d_i 称为一个分量，d_i 值取自对应的域 D_i。

3. 关系

关系是笛卡尔积的子集，即域 D_1，D_2，$\cdots$，D_n 上的关系为笛卡尔积 $D_1 \times D_2 \times \cdots \times D_n$ 的子集。关系中域的个数称为关系的度或元，一个包含 n 个域的关系通常称为 n 元关系。为便于区别，需要为每个关系指定一个名字。由于关系是笛卡尔积的子集，因此也是一个二维表。同为便于区分，需要为关系中的每个列指定一个名字，称为属性。一个拥有 n 个属性 A_1，A_2，$\cdots$，A_n 的名为 R 的关系通常表示为 R（A_1，A_2，$\cdots$，A_n）。

4. 二维表

二维表是我们在日常生活中经常碰到的花名册、工资单、成绩单等表格。二维表具有下列特点：①有表名；②由两部分组成：一个表头和若干行数据；③从垂直方向看，表有若干列，每列都有列名；④同一列的值取自同一个定义域，如性别的定义域是（男、女），学号只能取整数，每一行的数据代表一个学生的信息，同样每一个学生在表中也有一行。

对一张二维表可以进行填表、修改、除、查询等操作。在操作中可能要受到一些限制，如分配给学生的学号号码有一定的范围限制。

二、关系代数的运算

（一）传统的集合运算

传统的集合运算包括并、交、差、广义笛卡儿积四种运算。其中，并、交、差要求 R 和 S 是相容的。

设关系 R 和 S 是相容的，是指关系 R 和关系 S 具有相同的目，且相应的属性取自同一个域，其结果关系仍为 n 目关系。

1. 并运算

两个关系的并运算（Union）是指将一个关系的元组加到第二个关系中，生成新的关系。在并运算中，元组在新的关系中出现的顺序是无关紧要的，但是必须消除重复元组。并运算可表示为

$$R \cup S = \{t \mid t \in R \lor t \in S\}$$

其结果关系仍为 n 目关系，且由于属于 R 或属于 S 的元组组成。

2. 交运算

两个关系的交运算（Intersection）是指包含同时出现在第一和第二个关系中的元组的新关系。交运算可表示为

$$R \cap S = \{t \mid t \in R \land t \in S\}$$

其结果关系仍为 n 目关系，且由既属于 R 又属于 S 的元组组成。

关系的交可以用差来表示，即

$$R \cap S = R - (R - S)$$

3. 差运算

两个关系的差运算（Difference）是指包括在第一个关系中出现而在第二

个关系中不出现的元组的新关系。差运算可表示为

$$R - S = \{t \mid t \in R \land t \notin S\}$$

其结果关系仍为 n 目关系，由属于 R 而不属于 S 的所有元组组成。

两关系的交集可以通过差运算导出：

$$R \cap S = R - (R - S)$$

4. 笛卡尔运算

由于这里所致的笛卡尔积的元素是元组，因此可以将笛卡尔积定义为广义笛卡尔积（Extended Cartesian Product）。

两个分别为 n 目和 m 目的关系 R 和 S 的笛卡尔积是一个 $(n+m)$ 列的元组的集合。元组的前 n 列是关系 R 的一个元组，后 m 列是关系 S 的一个元组。例如，假设 R 有 k_1 个元组，S 有 k_2 个元组，则关系 R 和关系 S 的笛卡尔积有 $k_1 \times k_2$ 个元组。记为

$$R \times S = \{t_r t_s \mid t_r \in R \land t_s \in S\}$$

$$R \times S = \{\widehat{t_r t_s} \mid t_r \in R \land t_s \in S\}$$

两个关系的笛卡尔积就是一个关系中的每个元组和第二个关系的每个元组的联接。结果是 R 中的每一个元组分别与 S 中的所有元组连接构成新关系 $R \times S$ 的元组。

（二）专门的集合运算

专门的集合运算包括选择（Select）、投影（Projection）、连接（Join）和除法（Division）运算。

1. 选择运算

选择又称为限制（Restriction），是在给定关系 R 中选择满足条件的元组。选择运算可表示为

$$\sigma_F(R) = \{t \mid t \in R \land F(t) = 'T'\}$$

其中，F 表示选择条件，它是一个逻辑表达式，逻辑表达式由逻辑运算符 $\neg$，$\land$，$\lor$ 连接各算术表达式组成。取逻辑值 'T' 或 'F' 表示真或假。

逻辑表达式 F 的基本形式如下

$$X \theta Y$$

式中，θ 表示比较运算符，它可以是 $>$、$\geqslant$、$<$、$\leqslant$、$=$ 或 $\neq$，X、Y 等是属性名或常量或简单函数。

2. 投影运算

投影是对关系的垂直分解运算，即从关系的属性集中选择属性子集，构

成的元组组成一个新关系。投影操作表示为：

$$\prod_A(R) = \{t[A] \mid t \in R\}$$

其中，$\prod$ 为投影运算符；R 是关系名；A 表示关系中的属性子集合。该操作从关系 R 中移出部分列，只保留 A 列组成一个新的关系，并去掉重复的元组。新关系中的属性值来自原关系中相应的属性值，列的次序在新关系中可以重新排列。

可以同时对某个关系进行选择和投影操作，得出想要的结果，即进行所谓的查询操作。

3. 连接运算

连接是从两个关系的广义笛卡儿积中选择属性间满足一定条件的元组的运算。表示为：

$$R\underset{A\theta B}{\infty}S = \{\widehat{t_r t_s} \mid t_r \in R \wedge t_s \in S \wedge t_r[A]\theta t_s[B]\}$$

其中，A 和 B 分别为 R 和 S 上可比的属性组；θ 是比较运算符。连接运算从 R 和 S 的笛卡儿积 $R \times S$ 中选取在 A 属性组（R 关系）上的值与在 B 属性组（S 关系）上的值满足比较关系 θ 的元组，如图 3-15 所示。

R

A	B	C
a1	2	c1
a1	5	c1
a1	9	c2
a2	9	c2
a2	12	c2
a3	2	c4

S

C	D
c1	5
c2	7
c3	9

$R\underset{B>D}{\bowtie}S$

A	B	R.C	S.C	D
a1	9	c2	c1	5
a2	9	c2	c1	5
a2	12	c2	c1	5
a1	9	c2	c2	7
a2	9	c2	c2	7
a2	12	c2	c2	7
a2	12	c2	c3	9

$R\underset{R.C=S.C}{\bowtie}S$

A	B	R.C	S.C	D
a1	2	c1	c1	5
a1	5	c1	c1	5
a1	9	c2	c2	7
a2	9	c2	c2	7
a2	12	c2	c2	7

$R\bowtie S$

A	B	C	D
a1	2	c1	5
a1	5	c1	5
a1	9	c2	7
a2	9	c2	7
a2	12	c2	7

图 3-15　关系 R 和 S 的连接运算

4. 除法运算

除法运算是同时从关系的水平方向和垂直方向进行运算。对于给定关系 $R(X,Y)$ 和 $S(Y,Z)$，其中 X、Y、Z 为属性组，R 中的 Y 与 S 中的 Y 可以有不同的属性名，但必须出自相同的域集。$R÷S$ 应当满足元组在 X 上的分量值 x 的象集，Y_x 包含关系 S 在属性 Y 上的投影集合。$R÷S$ 记作：

$$R÷S = \{t_r[X] \mid t_r \in R \wedge \prod c(S) \subseteq Y_x\}$$

其中，Y_x 为 x 在 R 中的象集。

三、关系代数表达式的优化策略

由上面的叙述可知关系代数表达式的运算涉及了关系的操作步骤。不同的操作步骤，有不同的操作效率。要达到高效率的查询，就需要选择合适的优化策略。

下面就如何安排操作的顺序来达到优化进行讨论。当然，达到优化的表达式不一定是所有等价表达式中执行查询时间最少的表达式。一般地，优化策略包括以下几方面。

（1）在关系代数表达式中应尽可能早地执行选择操作。通过执行选择操作，可以得到比较小的中间结果，减少运算量和输入输出的次数。

（2）同时计算一连串的选择和投影操作，避免因为分开运算而造成的多次扫描文件，从而节省查询执行的时间。

（3）如果在一个表达式中多次出现某个子表达式，那么应该把该子表达式计算的结果预先计算和保存起来，以便以后使用，减少重复计算的次数。

（4）对关系文件进行预处理，适当地增加索引、排序等，使两个文件之间可以快速建立连接关系。

（5）对于表达式的书写应该仔细考虑关系的排列顺序，因为这种顺序对于从缓存中读入数据有非常大的影响。

第三节　云计算环境下的新型数据库

一、云计算环境下的新型数据库现状

云计算环境下的新型数据库市场主要由 Google 的 Bigtable，Amazon 的 SimpleDB，AppJet 的 AppJet 数据库以及甲骨文的 BerkelyDB 等新型数据库。但 Google 和 Amazon 几乎主宰了整个云数据库市场。Google 的 Bigtable 是一个管理结构化数据的分布式存储系统，其设计目的是为了扩展非常大数据存储系统，通过数千台服务器实现 PB 级数据存储，Google 本身的网页索引，Google 地球和 Google 金融都在使用 Bigtable。Amazon 的 SimpleDB 是一个高可用、可扩展、灵活的，非关系数据存储系统，存储和查询数据由开发人员向 Web 服务请求，其他工作由 SimpleDB 完成。

（一）甲骨文

Oracle Database Appliance 是甲骨文公司最新研发和推出的一款数据库高可用性一体机解决方案，为 Oracle 最终用户以及合作伙伴提供了一套最快捷安装、最快速部署、最易于维护的完整的业务开发运营平台。Oracle Database Appliance 将操作系统软件、数据库软件、存储硬件以及网络等组件，通过优化整合在一起，为用户提供持续工作的高可用业务支持。Orace Database Appliance 既支持 OLTP 系统，也支持 DW 系统或混合负载系统。经过短短不到 3 年的时间，Oracle 的整个数据库一体机（Database Machine）战略品牌以及其中的主要产品都已经浮出水面。如果非要把 Oracle Database Appliance 归类到 Exadata 品牌系列的话，ODA 是一种面向中小型企业、中端和远程办公企业 IT 系统的聚合式中型 Exadata。相信 ODA 在中小企业数据库市场会再次掀起新的风浪。

（二）IBM

IBM Netezza 发力数据库一体机叫板 Oracle 的 Exadata 一体机。Netezza 的数据库一体机将数据库、存储和服务器集成在一起，具有运行速度快、部署简便、容量范围大的特点。已经在该领域深耕 6 年的 Netezza 更具优势。

IBM 在北京正式成立了"IBM 数据库迁移咨询服务中心"，为客户提供有关数据库迁移方面的咨询和服务。随着 Oracle/甲骨文宣布不再支持安腾平台，IBM DB2 数据库利用其多平台支持特性开始了针对 Oracle 数据库的迁移行动。IBM 打响甲骨文数据库迁移战，DB2 Purescale 集群叫阵 Oracle RAC。最新的 DB2 Express－C 9.7.5 最值得关注的是兼容 Oracle 特性，包括支持 PL/SQL，CLP＋，数据类型，语法等。

DB2 9.7 有诸多改进，具体包括压缩增强、pureXML 增强、易用性增强、监控增强、工作负载管理增强、安全性提高、性能提高、应用开发提高、高可用、备份、日志、弹性、恢复提高等，以上说明 IBM 注重强调压缩和兼容性。

（三）微软

微软则更多地强调数据库在商业智能方面的能力，增强了数据库在完成数据存取的同时，在数据挖掘和 OLAP 分析以及即席查询等方面的能力，帮助用户实现"自助式商业智能"。微软公司努力将 SQL Server 打造为一个信息平台，而不再仅仅是一个数据库，并在商业智能、可扩展性和平台集成性方面做了进一步增强。

另外，微软 SQL Server 引入 Hadoop 大数据处理能力，微软表示，这个连接器可以让客户在 Hadoop 中分析非结构化数据，然后接回到 SQL Server 环境中进行分析。SQL Server 2012 RCO 实现了一个为云做好准备的信息平台，该平台可帮助组织对整个组织有突破性深入了解，在由确保关键任务的功能所支持的内部部署和公共云中可以快速生成解决方案和扩展数据。通过使用 SQL Azure 和 SQL Server 数据工具的数据层应用程序组件（DAC）奇偶校验，优化服务器和云间的 IT 和开发人员工作效率，从而在数据库、可视化数据管理、BI 和云功能间实现统一的开发体验。

（四）Sybase

Sybase 是唯一一个为外部和内部云计算环境提供一整套数据库管理技术的供应商。用户拥有所有核心技术，为实现企业无限化奠定了重要基础，使公司能够管理、分析信息并将信息从数据中心移动至使用点，而将 IT 开销减至最小。

（五）人大金仓

金仓数据库推出的 KingbaseDBCloud 是国产数据库用于大数据管理的云数据库系统。KingbaseDBCloud 重点针对海量数据管理要求，具有分布式计算、列存储等技术特点，可以满足企业对大数据背景下海量数据存储和管理功能的需求，帮助用户有效构建 100TB－PB 级海量云数据中心。该系统基于现代云计算理念和新型 Share‑Nothing 架构，通过数据分片技术将数据分布存储到各个数据节点上，通过分布式并行 SQL 处理技术实现并行化处理，通过多份数据副本机制来保证数据的高可靠性，通过监控检测机制来加强系统的可用性，通过在线节点扩展支持实现高扩展性，通过优化内存和在线数据压缩等措施，提升集群海量存储管理能力。KingbaseDBCloud 所具有的分布式技术能力，可以高效管理上百个存储执行节点和 PB 级海量数据，强大的并行处理能力，保证其整体能和数据容量随着存储执行节点的递增线性增长，确保用户可根据实际需要进行容量和性能的扩展。KingbaseDBCloud 采用功能强大的 KingbaseES V7 作为高性能存储执行节点。该数据库内置行列混合双存储引擎，可有效保证系统高效应对海量事务并发处理和在线数据分析实时响应的双重需求，其多样化的、高效透明的数据压缩算法，在提高系统处理性能的同时可有效降低系统整体存储空间开销，降低用户的投入成本。

二、云数据库发展趋势

随着云的兴起，非关系型数据库成了一个极其热门的新领域，非关系数据库产品的发展非常迅速。而传统的关系数据库显得力不从心，暴露了很多难以克服的问题，它所存在的许多规则的条款束缚了数据库系统的开发，而在云端需要的是一个真正强大的，能让多台计算机一起运行的数据库系统，保存所有用户的所有数据。

作为云数据库就其自身所持有的易扩展。易配置以及根据负载特性和资源状况进行自我优化的特征，非关系数据库正在吸引人们的注意。因为关系数据库本身存在的不足以及不易扩展，在应用中需要配合 join 操作，而 join 操作不易并行的性质使得关系数据库很难部署在有大量的结点的 share nothing 集群，这对海量数据库的处理造成不利的局面。

基于云计算的需求，目前 NoSQL 数据库，应该说它是下一代数据库技术，因为其主要特点是非关系、分布式、水平可扩展，非常配合云计算中的海量数据运算。NoSQL 数据库具有极高的并发读写性能，在保证海量数据存储的同时，还具有良好的查询性能，具有弹性的可扩展能力。另外并行关系数据库也可以考虑。

关系数据库支持 share nothing 集群系统，提高了系统的可伸缩性，多用于数据分析应用中，以读操作为主，写操作数量少，并且多是批写，支持传统应用和商业智能工具。

　　共享磁盘数据库架构也是理想的云数据库，共享磁盘数据库允许低成本的服务器集群使用一个单一的数据采集，提供了一系列的存储区域网络（SAN）或附加存储（NAS）的网络。共享磁盘数据库除了具有支持弹性可扩展性，还充分利用了服务器的 CPU 资源，从而扩展了现有的服务器的寿命，因为它们不需要提供尖端的性能；并且在服务器上的一个共享磁盘上的数据库部分可以单独进行升级，同时保持在线的群集；它具有高可用性，由于在共享磁盘数据库中的节点是完全可以互换的，可以失去节点和降低性能，但系统保持运行，降低支持成本。共享磁盘数据库的 DBA 干净地分离和应用是理想的云数据库的功能，同时也提供无缝的负载平衡，进一步降低在云环境的支持成本。

第四章

云计算环境下关系数据库的应用与实现

第一节 对数据库进行应用处理

SQL 语言可分为两类：数据操作语言（DML）语句用来进行查询和修改数据；数据定义语言（DDL）语句用来建立表、联系和其他结构。此外，增加的联接操作用于可选择的联接语法，以及外联接。

一、用 SQL DDL 管理表结构

SQL CREATE TABLE 语句用来创建表，定义属性列和属性列的约束及创建联系。大多数 DBMS 产品提供的绘图工具都可以完成以上任务。使用 SQL 来完成上述任务具有以下优点。

（1）建立表和联系时，用 SQL 语句要比用绘图工具快一些，一旦学会使用 SQL CREATE TABLE 语句，建立表时要比使用按钮和绘图要快得多。

（2）一些应用软件，尤其是要做报表、查询和数据挖掘的程序需要快速创建同样的表。如果使用必要的 SQL CREATE TABLE 语句建立一个文本文件，就能有效地完成这些任务。

（3）一些应用程序在应用过程中需要建立一些临时表，从程序代码中建表的唯一方法就是使用 SQL 语句。

（4）SQL DDL 是标准的并且是独立于 DBMS 的。除了一些数据类型以外，同样的建表语句可以同时在 SQL Server、Oracle、DB2 以及 MySQL 中使用。

（一）创建数据库

在建表之前首先要创建数据库。SQL - 92 和随后的标准包括创建数据库的 SQL 语句，但很少被使用。相反地，很多开发者使用特殊命令或绘图工具创建数据库。这些技术都是与具体的 DBMS 相关的。

在所使用的 DBMS 中创建一个新的名为 SMS 的数据库。

（二）使用 SQL CREATE TABLE 语句

SQL CREATE TABLE 语句的基本格式如下：

```
CREATE TABLE NewTableName (
Three - part column definition,
Three - part column definition,
...
optional table constraints
...
);
```

列定义的三个组成部分是列名，列的数据类型和可选的列值上的约束。这样 CREATE TABLE 格式可以写为：

```
CREATE TABLE NewTableName (
ColumnName DataType OptionalConstraint,
ColumnName DataType optionalConstraint,
...
Optional table constraint
...
);
```

这里的列约束和表约束为 PRLMARY KEY，FOREIGN KEY，NULL，NOT NULL，UNIOU 和 CHECK，此外，DEFAULT 关键字（DEFAULT 不认为是列约束）可以用来设置初值。SQL 的大多数变种都支持实现代理主键的性质。

（三）SQL 中数据类型的变种

每一个 DBMS 产品有它自己的 SQL 变种或扩展，SQL Server 的 SQL 扩展版本名为 Transact - SQL（T - SQL），Oracle 的 SQL 扩展版本名为 Procedural Language/SQL（PL/SQL）。然而 MySQL 的变种虽然包含了过程扩展，但仍称为 SQL。

DBMS SQL 中的变种起源于每一个商家所提供的不同数据类型。SQL 标准定义了数据类型的集合。SQL Server 中常见的（但非全部的）数据类型见表 4-1。

表 4-1 SQL Server 中的常用数据类型

数据类型	描述
Binary	二进制，长度 0 至 8000 字节
Char	字符，长度 0 至 8000 字节
Datetime	8 字节日期。范围是 1753 年 1 月 1 日到 1999 年 12 月 31 日，准确到 1/300 秒
Image	可变长度的二进制数据。最大长度是 2 147 483 647 字节
Integer	4 字节整数。有效值是 $-2\,147\,483\,647$ 至 $2\,147\,483\,647$
Money	8 字节货币，有效值是 $-922\,337\,203\,685\,477.580\,8$ 至 $922\,337\,203\,685\,477.580\,8$
Numeric	小数，可以设置精度和范围。有效值是 $-10^{38}+1$ 至 $10^{38}-1$
Smalldatetime	4 字节日期。有效值是 1900 年 1 月 1 日至 2079 年 6 月 6 日，准确到分钟
Smallint	2 字节整数。有效值是 $-32\,768$ 至 $32\,767$
Smallmoney	4 字节货币。有效值是 $-214\,748.364\,8$ 至 $214\,748.364\,7$
Text	可变长文本数据，最大长度为 2 147 483 647 个字符
Tinyint	1 字节整数。有效值是 0 至 255
Varchar	可变长字符，有效值是 0 至 8000 个字符

（四）创建表

表 4-2 和表 4-3 显示了这些表的数据库列的属性。

表 4-2 WRITER 表的数据库列特征

列名	类型	键特性	空值状态	备注
WriterID	Int	主键	不能为空	代理键 IDENTITY（1，1）
LastName	Char（25）	候选键	不能为空	AKI
FirstName	Char（25）	候选键	不能为空	AKI
Nationality	Char（30）	无	不能为空	
DateOfBirth	Numeric（4）	无	可为空	
DateDeceased	Numeric（4）	无	可为空	

表 4 - 3　WORK 表的数据库列特征

列名	类型	键特性	空值状态	备注
WorkID	Int	主键	不能为空	代理键 ID ENTITY（1，1）
Title	Char（35）	无	不能为空	
Copy	Char（12）	无	不能为空	
Medium	Char（35）	无	可为空	
Description	VarChar（1000）	无	可为空	默认值＝'Un Known provenance'
WriterID	Int	外键	不能为空	

这些表中共显示了三个新的特征。

（1）Microsoft SQL IDENTITY 属性，它用来指定代理关键字。在 WRITER 表中，IDENTITY（1，1）表达式的意思为 WriterID 是一个从 1 开始并以 1 为增长单位的代理关键字。这样，WRITER 表中的第 2 行 ArtistlD 的值为（1＋1）＝2。在 WORK 表中，IDENTITY（500，1）表达式的意思为 WorkID 是一个从 500 开始并以 1 为增长单位的代理关键字。这样，WRITER 表中的第 2 行 WriterID 的值为（500＋1）＝501。

（2）在 ARTIST 表中指定（LastName，FirstName）作为一个候选键。候选键可以使用 UNIQUE 约束来定义。

（3）在 WORK 表的 Description 列使用 DEFAULT 列约束。DEFAULT 约束用来在插入新的一行时为其设置一个初值，前提是没有指定其他的值。

表 4 - 4 描述了 WRITER 表和 WORK 表的 M - O 联系，表 4 - 5 详细说明了 WRITER - WORK 联系中保证最小基数所需要的引用完整性动作。

表 4 - 4　WRITER - to - WORK 联系

联系		基数		
父	子	类型	最大	最小
WRITER	WORK	非标识	1：N	M - O

表 4 - 5　代理 WRITER - to - WORK 联系最小基数的动作

父 WRITER 是必需的	WRITER 上的动作（父）	WORK 上的动作（子）
插入	无	获得父实体
修改主键或外键	禁止——WRITER 代理	禁止——WRITER 使用代理键
删除	禁止——与事务有关的数据不能被删除（业务规则）	无

下面给出建立 WRITER 表的 SQL CREATE TABLE 语句。CREATE TABLE 的格式是表名后面跟着被括号括起来的所有列定义和约束，并以分号结束列表。

```
CREATE TABLE WRITER (
WriterIDIntNOT NULL IDENTITY (1，1)，
LastNameChar (125) NOT NULL，
FirstName Char (25) NOT NULL，
NationalityChar (3O) NULL，
DateofBirthNumeric (4) NULL，
DateDeceasedNumeric (4) NULL，
CONSTRAINTWriterPK PRIMARY KEY (WriterID)
CONSTRAINTWriterAK1 UNIQUE (LastName _ , FirstName)
);
```

SQL 有几种列约束和表约束：PRIMARY KEY，NULL，NOT NULL，UNIQUE，FOREIGN KEY 和 CHECK。PRIMARY KEY 约束用来定义表的主键，虽然它可以用来作为一个列约束，但因为它用来作为表约束去定义组合主键，我们通常把它作为表约束。NULL 和 NOT NULL 列约束用来为某列设置空值，以说明该列的数据值是否是必需的。UNIQUE 约束用来表明一列或多个列的值不能使用重复值。FOREIGN KEY 约束用来定义引用完整性约束，CHECK 用来定义数据约束。

CREATE TABLE 语句的第一部分，每一列都通过给出名称、数据类型和空值状态来定义。如果事先未指定是 NULL 或 NOT NULL，则假定为 NULL。

数据库里的 DateOfBirth 和 DateDeceased 都是年份。这些列被定义为 Numeric (4，0)，表示在 4 位阿拉伯数字后面有一个小数点和零。

在建立 WRITER 表的 SQL CREATE TABLE 语句中，定义的表后两部分是定义主键和候选键的约束。候选键的主要作用是确保列值的唯一性。因此，在 SQL 中，候选键用 UNIQUE 约束来定义。

这种约束的格式是 CONSTRAINT 后紧跟开发者所命名的约束名，在约束名后就是 PRIMARY KEY 或 UNIQUE，其后的圆括号里包含一个或者多个列。比如，以下的语句定义了一个名为 MyExample 的约束，它确保了圆括号里的列中第一个名字和最后一个名字都是唯一的：

```
CONSTRAINT MyExample UNIQUE (FirstName, LastName)，
```

主键列必须是 NOT NULL，候选键可以是 NULL 或 NOT NULL。

注意，SQL 语句的最后一行的结尾处的括号后面以分号结束。这个特征可以放置在上一行，但是把它们放到新的行是一种较容易区分 CREATE TABLE 语句边界的习惯。此外，列属性用逗号隔开，而在最后一列后没有逗号。

（五）创建 WORK 表和 WRITER - to - WORK 的 1 : N 联系

下面给出使用 SQL 创建 WRITER 表和 WORK 表以及它们之间的联系：

```
CREATE TABLE WRITER (
WriteID   Int   NOT NULL   IDENTITY (1, 1),
LastName   Char (25) NOT NULL,
FirstName   Char (25) NOT NULL,
NationalityChar (30) NULL,
DateOfBirthNumeric (4) NULL,
DateDeceased   Numeric (4) NULL,
CONSTRAINT WriterPKPRIMARY KEY (WriterID),
CONSTRAINT WriterAK1   UNIQUE (LastName, PirstName)
);
CREATE TABLE WORK (
WorkIDInt   NOT NULL IDENTITY (500, 1),
TitleChar (35) NOT NULL,
Copy Char (12) NOT NULL,
MediumChar (35) NULL,
[Description] Varchar (1000) NULL DEFAULT 'Unknown provenance',
WriterIDIntNOT NULL,
CONSTRAINTWriterPKPRIMARY KEY (WorkID),
CONSTRAINTWorkAK1UNIQUE (Title, Copy),
CONSTRAINTWorkFK FOREIGN KEY (WriterID)
   REFERENCES ARTIST (WriterID)
   ON UPDATE NO ACTION
   ON DELETE NO ACTION
);
```

注意到列名 Description 被写为 [Description]，这是因为该数据库管理系统使用的是 SQL Server 2012，Description 是 SQL Server 2012 的保留字，因

此要使用方括号来产生一个确定的标识。

这个表中唯一的新语法就是 WORK 表最后的 FOREIGN KEY 约束，它用来定义引用完整性约束。上面的 SQL 语句中的 FOREIGN KEY 等同于以下的引用完整性约束：WORK WriterID 必须存在于 WRITER 的 WriterID 中。

注意，外键约束包含两条 SQL 语句，用来实现表 4 - 5 中保证最小基数的要求。SQL ON UPDATE 子句指定从 ARTIST 表到 WORK 表的更新是否是级联进行，SQL ON DELETE 子句指定 WRITER 表上的删除是否级联到 WORK 表中。

UPDATE NO ACTION 表达式是指更新一个包含子表的表的主键是被禁止的（对于代理键来说，永远不能更改它的标准设定）。UPDATE CASCADE 指更新应级联进行。UPDATE NO ACTION 是默认的。

同样，DELETE NO ACTION 表达式（指删除含有子记的操作）是被禁止的。DELETE CASCADE（是指删除操作）会级联进行。DELETE NO ACTION 是默认的。

在目前的例子中，UPDATE NO ACTION 是没有意义的，因为 ARTIST 的主键是代理键，而且永远不会改变。然而对数据键来说，更新行为必须指定。

（六）实现必需的双亲记录

我们知道，为满足双亲约束，必须定义引用完整性约束并把子表中的外键设置为 NOT NULL，上面的用于创建 WRITER - to - WORK 表 1：N 联系的 SQL 代码中 WORK 表的 SQL CREATE TABLE 语句做到了以上两点。在这种情况下，WRITER 表是必需的父表，WORK 表是子表。这样，WORK 表中的 WriterID 被指定为 NOT NULL，WriterFK FOREIGN KEY 约束定义为引用完整性约束，这些规范促使 DBMS 的执行必需满足双亲约束。

如果双亲不是必需的，就要把 WORK 表中的 WriterID 设置为 NULL。这个例子中，WORK 表不必为 WriterID 设一个值，所以它不需要双亲。FOREIGN KEY 约束确保 WORK 表中的 WriterID 中的所有值都在 WRITER WriterID 中出现。

（七）实现 1：1 联系

SQL 中实现 1：1 联系和实现 1：N 联系几乎是相同的，唯一的不同之处是外键必须被声明成唯一的。例如，如果 WRITER 表和 WORK 表之间的联系是 1∶1 的，就要在 SQL 语句中添加下面的约束：

CONSTRAINT UniqueWork UNIQUE（WriterID），

在设计时，显然 WRITER－to－WORK 联系显然不是 1∶1 的，所以不需要指定这个约束。如果双亲是必需的，外键应该被设置为 NOT NULL，否则应该为 NULL。

（八）临时联系

临时联系（casual relationship）适合建立没有指定 FOREIGN KEY 约束的外键，经常应用于处理有数据丢失的数据库表的应用程序。在临时联系中，外键值可能和双亲中的主键值相匹配，也可能不匹配。

表 4－6 概述了用 FOREIGN KEY，NULL，NOT NULL 和 UNIQUE 约束在 1∶N，1∶1 和临时联系中建立联系的方法。

表 4－6　用 SQL CREATE TABLE 定义联系的方法

联系类型	CREATE TABLE 约束
1∶N 联系，双亲是可选的	指定 FOREIGN KEY 约束。设置外键为 NULL
1∶N 联系，双亲是必需的	指定 FOREIGN KEY 约束。设置外键为 NOT NULL
1∶1 联系，双亲是可选的	指定 FOREIGN KEY 约束。指定外键是 UNIQUE 约束。设置外键为 NULL
1∶1 联系，双亲是必需的	指定 FOREIGN KEY 约束。指定外键是 UNIQUE 约束。设置外键为 NOT NULL
临时联系	创建一个外键列，但是不指定 FOREIGN KEY 约束。如果联系是 1∶1，指定外键为 UNIQUE

（九）用 SQL 建立默认值和数据约束

SMS 数据库建立默认值和数据约束的范例见表 4－7。"Unknown proveance" 的默认值将会赋给 WORK 表中的 Description 列。WRITER 表和 TRANS 表被指定了多种数据约束。

在 WRITER 表中，Nationality 的值受值域约束，DateOfBirth 的值受关系内约束，即 DateOfBirth 要早于 DateDeceased。前面提到过，DateOfBirth 和 DateDeceased 的值应该为年份，它受限制于以下的取值范围：第一位数字应为阿拉伯数字 1 或 2，余下的三个阿拉伯数字可以是任何的十进制数字。这样，DateOfBirth 和 DateDeceaused 的值是 1000 到 2999 之间的任何一个整数。

TRANS 表中的 SalesPrice 的值是 0 到 500000 美元之间的一个数。Purchase-Date 的值受限于关系间约束，因为 PurchaseDate 滞后于 DateAcquired。

表 4-7　SMT 数据库的默认值与数据约束

表	列	默认值	约束
WORK	Description	'Unknown provenance'	
WRITER	Nationality		IN（'Canadian'，'English'，'Frenceh'，'German'，'Mexican'，'Russian'，'Spanish'，'United States'）
WRITER	DateOfBirth		小于 DateDeceased 之值
WRITER	DateOfBirth		4 字节：1 或 2 是第一个数字，剩下的 3 个数字为 0 至 9
WRITER	DateDeceased		4 字节：1 或 2 是第一个数字，剩下的 3 个数字为 0 至 9
TRANS	SalesPrice		大于 0 并且小于或等于 500000
TRANS	DateAcquired		小于或等于 DateSold

在表 4-7 中没有给出表与表的关系间约束。尽管 SQL-92 规范定义了建立这种约束的方法，然而没有哪个 DBMS 商家会使用这种方法。这种约束必须在触发器里实现。

下面给出了用合适的默认值和数据约束来创建 WRITER 表和 WORK 表的 SQL 语句。

```
CREATE TABLE WRITER (
WriterIDIntNOT NULL IDENTITY (1，1)，
LastNameChar (25) NOT NULL，
FirstNameChar (25) NOT NULL，
NatiorlalityChar (30) NULL，
DateOfBirthNumeric (4) NULL，
DateDeceasedNumeric (4) NULL，
CONSTRAINTWriterPK PRIMARY KEY (WriterID)，
CONSTRAINTWriterAK1UNIQUE (LastName, FirstName)，
CONSTRAINTNationalityValuesCHECK
    (Nationality IN ('Caliadian'，'English'，'Frertch'，
```

'German'，'Mexican'，'Russian'，'Spanish'，

'United States'))，

CONSTRAINTBirthValuesCheckCHECK (DateOfBirth<DateDeteased)，

CONSTRAINTValidBirthYear CHECK

　　(DateOfBirth LIKE '［1－2］［0－9］［0－9］［0－9］')，

CONSTRAINTValidDeathYear CHECK

　　(DateDeceased LIKE '［1－2］［0－9］［0－9］［0－9］')

)；

　　CREATE TABLE WORK (

WorkIDIntNOT NULL IDENTITY (500，1)，

TitleChar (35) NOT NULL，

Copy Char (12) NOT NULL，

MediUmChar (35) NULL，

［Description］Varehar (1000) NULL DEFAULT 'Unknown provenance'，

WriterIDInt　NOT NULL，

CONSTRAINTWorkPKPRIMARY KEY (WorkID)，

CONSTRAINTWorkAK1UNIQUE (Title，Copy)，

CONSTRAINTWriterFKFOREIGN KEY (WriterID)

　　REFERENCES ARTIST (ArtistID)

ON UPDATE NO ACTION

ON DELETE NO ACTION

)；

（1）实现默认值。默认值是由列定义中指定的关键字 DEFAULT 生成的，就在指定 NULL/NOT NULL 的后面。在上述 SQL 语句中，WORK Description 被定义了 "Unknown provenallce"（未知来源）默认值。

（2）实现数据约束。数据约束是通过 SQL CHECK CONSTRAINT 建立的，其格式是 CONSTRAINT 后跟开发者提供的约束名，其后是 CHECK（类似于 SQL 语句中的 WHERE 子句），然后就是圆括号里的说明。

　　SQL IN 关键字用来提供一系列的有效值，SQL NOT IN 关键字也可以提供不在域约束范围内的值（本例中没有给出）。SQL LIKE 关键字用来规定小数位。范围约束使用大于和小于符号（<，>）。因为不支持关系间约束，比较关系可以作为同一个表的列之间的关系内约束。

（十）建立 SMS 数据库表

下面给出 SMT 数据库的所有表的 SQL。

```
CREATE TABLE WRITER (
WriterIDIntNOT NULL IDENTITY (1, 1),
LastNameChar (25) NOT NULL,
FirstNameChar (25) NOT NULL,
NationalityChar (30) NULL,
   DateofBirthNumeric (4) NULL,
   DateDeceasedNumeric (4) NULL,
   CONSTRAINTWriterPK PRIMARY KEY (WriterID),
   CONSTRAINTWriterAK1UNIQUE (LastName, FirstName),
   CONSTRAINTNationalityValuesCHECK
    (Nationality IN ('Canadian', 'English', 'French',
'German', 'Mexican', 'Russian', 'Spanish',
'United States')),
CONSTRAINT BirthValuesCheck CHECK (DateOfBirth<DateDeceased),
CONSTRAINTValidBirthYear CHECK
(DateofBirth LIKE '[1-2] [0-9] [0-9] [0-9]'),
CONSTRAINTValidDeathYearCHECK
(DateDeceased LIKE '[1-2] [0-9] [0-9] [0-9]'),
);
CREATE TABLE WORK (
WorkIDIntNOT NULL IDENTITY (500, 1),
TitleChar (35) NOT NULL,
CopyChar (12) NOT NULL,
MediumChar (35) NULL,
[Description] Varchar (1000) NULL DEFAULT 'Unknown proVenance',
WriterIDIntNOT NULL,
CONSTRAINTWorkPKPRIMARY KEY (WorkID),
CONSTRAINTWorkAK1UNIQUE (Title, Copy),
CONSTRAINTWriterFKFOREIGN KEY (WriterID)
   REFERENCES WRITER (WriterID)
```

```
ON UPDATE NO ACTION
ON DELETE NO ACTION
);
CREATE TABLE CUSTOMER (
CustomerIDIntNOT NULL IDENTITY (1000，1)，
LastName Char (25) NOT NULL，
FirstNameChar (25) NOT NULL，
Street Char (30) NULL，
City Char (35) NULL，
[State] Char (2) NULL，
ZipPostalCodeChar (9) NULL，
Country Char (50) NULL，
AreaCode Char (3) NULL，
phoneNumber Char (8) NULL，
EmailVarchar (1000) Kull，
CONSTRAINTCustomerPKPRIMARY KEY (CustomerID)，
CONSTRAINTEmaiLAK1UNIQUE (Email)
);
CREATE TABLE TRANS (
TransactionIDIntNOT NULL IDENTITY (100，1)，
DateAcquiredDatetimeNOT NULL，
AcquisitionPrieeNumeric (8，2) NOT NULL，
DateSoldDatetimeNULL，
AskinqPriceNumeric (8，2) NULL，
SalesPriceNumeric (8，2) NULL，
CustomerIDIntNULL，
WorkIDIntNOT NULL，
CONSTRAINTTransPKPRIMARY KEY (TransactionID)，
CONSTRAINTTransWorkFKFOREIGN KEY (WorkID)
   REFERENCES WORK (WorkID)
   ON UPDATE NO AeTION
   ON DELETE NO ACTION，
CONSTRAINTTransCustomerFK FOREIGN KEY (CustomerID)
```

```
    REFERENCES CUSTOMER（CustomerID）
ON UPDATE NO ACTION
ON DELETE NO ACTION,
CONSTRAINTSalesPriceRange CHECK
    （（SalesPrice＞0）AND（SalesPrice＜ = 500000），
CONSTRAINTValidTransDate CHECK（DateAcquired＜ = DateSold），
）；
CREATE TABLE CUSTOMER _ WRITER _ INT （
WriterID IntNOT NULL,
CustomerID IntNOT NULL,
CONSTlRAINTCAIntPKPRIMARY KEY（WriterID，CustomerID），
CONSTRAINTCAInt _ WriterFKFOREIGN KEY（WriterID）
REFERENCES WRITER（WriterID）
    ON UPDATE NO ACTION
    ON DELETE CASCADE,
CONSTRAINTCAInt _ CustQmerFKFOREIGN KEY（CustomerID）
    REFERENCES CUSTOMER（CustomerID）
    ON UPDATE NO ACTION
    ON DELETE CASCADE
    ）；
```

对 CUSTOMER 表和 CUSTOMER _ WRITER _ INT 表之间以及 WRIT-ER 表和 CUSTOMER _ WRITER _ INT 表之间的联系的删除是级联删除的。任何一个用来作为表名和列名的 DBMS 保留字都必须放在方括号里，这样就转换成了确定的标识。我们已经使用表名 TRANS 来代替 TRANSACTION 保留字。表名 WORK 同样是个问题，单词 work 在大多数的 DBMS 产品中是保留字。类似地，还有 WORK 表中的 Description 列和 TRANS 表中的 State 列。把它们放在括号里意味着对 SQL 分析器来说这些术语已经由开发者提供且不可通过标准的方式使用。因此该 SQL 语句中，使用了 WORK（没有括号）、［Description］和［State］。

在所使用的 DBMS 产品的文档中，可以找到保留字列表。如果使用 SQL 句法中的任何关键字作为表或列的名字，如 SELECT、FROM、WHERE、LIKE、ORDER、ASC、DESC 等，肯定会遇到麻烦。这些关键字应放在方括号里。如果能避免使用这些关键字作为表名或列名，会使建表过程轻松得多。

在 DBMS 中运行 SQL 语句会产生 SMT 数据库中所有的表、联系以及约束。与使用图形工具相比，编写 SQL 代码创建这些表和联系要简单得多。

（十一）SQL ALTER 语句

SQL ALTER 语句是 SQL DDL 语句，用来改变一个已有的表的结构，例如，添加、删除或改变列，或者添加或删除约束。

（1）添加和删除列。下面的语句增加一个名为 MyColumn 的列到 CUSTOMER 表中：

```
ALTER TABLE CUSTOMER ADD MyColumn Char (5)    NULL;
```

可以用下面的语句删除一个已有的列：

```
ALTER TABLE CUSTOMER DROP COLUMN MyColumn;
```

注意语法是不对称的。关键字 COLUMN 在 DROP 中要用到，但是在 ADD 中没有用到。

（2）添加和删除约束。ALTER 可以用来添加约束，如下所示：

```
ALTER TABLE CUSTOMER ADD CONSTRAINT MyConstraint CHECK
(LastName NOT IN ('RobertsNoPay'));
```

还可以用 ALTER 来删除一个约束：

```
ALTER TABLE CUSTOMER DROP CONSTRAINT MyConstraint;
```

（十二）SQL DROPTABLE 语句

在 SQL 中很容易删除表。事实上是太简单了。下面的 SQL DROP TABLE 语句将删除 TRANS 表及其中所有数据：

```
DROP TABLE TRANS;
```

因为这个简单的语句会删除表和表中所有的数据，所以使用时要非常小心。

DBMS 不会删除在 FOREIGN KEY 约束中作为双亲的那些表，即使是没有子表或是加上了 DELETE CASCADE 代码它也不会这样做。相反，为了删除这样的表，必须首先删除外键约束或删除子表，然后才可以删除双亲表。正如前面提到的，双亲表必须先进先出。

删除 CUSTOMER 表时需要用下面的语句：

```
DROP TABLE CUSTOMER _ WRITER _ INT;
DROP TABLE TRANS;
DROP TABLE CUSTOMER;
```

也可以这样删除 CUSTOMER：

```
ALTER TABLE CUSTOMER _ WRITER _ INT
DROP CONSTRAINT Customer _ Writer _ Int _ CustomerFK;
ALTER TABLE TRANS
DROP CONSTRAINT TransactionCustomerFK;
DROP TABLE CUSTOMER;
```

二、SQL DML 语句

(一) SQL INSERT 语句

SQL INSERT 语句用来向一个表中添加行数据。

(1) 用列名称进行 SQL 插入操作。标准 INSERT 语句用来命名表中数据列并将这些数据按下面的格式列出来。注意，列名和列值同时是被包含在括号中的，DBMS 代理关键字没有包含在语句中。如果提供了所有列数据，而这些数据和表中的列具有相同的顺序，并且没有代理键，则可以忽略列的清单。如果有部分的值，只要编写和所拥有的数据相关的那些列的名称。当然，必须提供全部 NOT NULL 的列的值。

(2) 批量插入。INSERT 语句最常用的形式之一是用 SQL SELECT 语句提供值。假设在 IMPORTED _ WRITER 表中有许多艺术家的名字、国籍和生日。在这种情况，可以用下面的语句添加这些数据到 WRITER 表中：

```
INSERT INTO WRITER
(LastName，FirstName，Nationality，DateOfBirth，DateDeceased)
SELECT
(LastName，FirstName，Nationality，DateOfBirth，DateDeceased)
FROM IMPORTED WRITER
```

注意，关键字 VALUES 没有在这种形式的插入语句中使用。

(二) 向数据库表输入数据

向数据库添加数据需要注意的是，如何把这些数据输入到 SMS 数据库中。SQLCREATE TABLE 语句中，CustomerID，ArtistID，WorkID 和 TransactionID 都是代理键，它们自动赋值并插入到数据库中，这会产生顺序的编号。若希望这些代理键的编号不是连续的数字，则需要克服 DBMS 中代理键自动编号机制的不足。不同 DBMS 产品对这个问题的解决方法是不同的（像代理键的值产生方法是不一样的）。

（三）SQL UPDATE 语句

SQL UPDATE 语句用来改变已存在记录的值。当处理 UPDATE 命令时，DBMS 会满足所有的引用完整性约束。例如，在 SMS 数据库中，所有的键都是代理键，但是对于只有数据键的表，DBMS 会根据外键约束的规则级联或不接受（无任何动作）更新。如果存在外键约束的话，DBMS 在更新外键时会满足引用完整性约束。

（1）批量更新。对于 SQL UPDATE 命令，很容易进行批量更新，但却存在一定的风险。例如，

UPDATECUSTOMER

SETCity = 'New York City';

对 CUSTOMER 表中每一行改变其 City 的值。如果只是打算改变客户 1000 的 City 值，则会得一个并不理想的结果，即每个客户都会有 'New York City' 这样的 City 值。

也可以使用 WHERE 子句找出多个记录进行批量更新。例如，如果想要改变每位生活在 Denver 的客户的 AreaCode，可以这样编写：

UPDATECUSTOMER

SETAreaCode = '303'

WHERECity = 'Denver';

（2）用其他表的值进行更新。SQL UPDATE 命令可以设置列值和一个不同的表中的列值相等。SMS 数据库没有这个操作的合适例子，因此可以假设有一个名为 TAx _ TABLE 的表，列为（Tax，City），其中 Tax 是该城市的相应税率。

现在假设有一个表 PURCHASE _ ORDER 包括了 TaxRate 和 City 列。我们对该城市里 Bodega Bay 的购物订单，用下面的 SQL 语句更新所有的记录：

UPDATE PURCHASE ORDER

SETTaxRate =

　（SELECT Tax

　FROM TAX _ TABLE

　WHERE TAX _ TABLE. City = 'Bodega Bay')

WHERE PURCHASE _ ORDER. City = 'Bodega Bay';

更为可能的是，我们需要在没有指定城市的情况下更新一份购物订单的

税率值。也就是说购物订单编号 1000 更新 TaxRate。这种情况可以用稍微复杂的 SQL 语句：

```
UPDATE PURCHASE ORDER
SET TaxRate =
(SELECT Tax
FROM TAX _ TABLE
WHERE TAX _ TABLE. City = PURCHASE _ ORDER. City)
WHERE PURCHASE _ ORDER. Number = 1000；
```

SQL SELECT 语句可以通过许多不同的方式与 UPDATE 语句合并。

（四）SQL DELETE 语句

SQL DELETE 语句也很容易使用。下面的 SQL 语句将删除 CustomerID 为 1000 的客户的记录：

```
DELETEFROM CUSTOMER
WHERE CustomerID = 1000；
```

当处理 DELETE 命令时，DBMS 会满足所有的引用完整性约束，但是若忽略了 WHERE 子句，就会删除所有的客户记录。

三、联接的新形式

如果想要尝试执行 SQL 联接命令，需要在 DBMS 上基于 SQL CREATE TABLE 语句和 INSERT 语句完整地创建 SMT 数据库并输入数据。

（一）SQL JOIN ON 语法

使用下列语法编写联接代码：

```
SELECT *
FROMWRITER, WORK
WHERE   WRITER. WriterID = WORK. WriterID；
```

另一种编写相同联接代码的方式是：

```
SELECT *
FROMWRITER JOIN WORK
ONWRITER. WriterID = WORK. WriterID；
```

这两个联接是等价的。有人会觉得 SQL JOIN ON 的第二种格式比第一种更易于理解，也可以使用这些格式来联接三张表或更多的表。例如，要获得客户的名字以及他们感兴趣的艺术家名字的列表，可以这样编写：

SELECTCUSTOMER. LastName，CUSTOMER. FirstName，

WRITER. LastName WriterName

FROMCUSTOMER JOIN CUSTOMER ＿ WRITER ＿ INT

ON CUSTOMER. CustomerID = CUSTOMER ＿ WRITER ＿ INT. CustomerID

JOIN WRITER

ONCUSTOMER ＿ WRITER ＿ INT. WriterID = WRITER. WriterID；

可以使用 SQL AS 关键字重命名表和输出列，使得这些语句更加简单：

SELECTC. LagtName，C. FirstName，

A. LaStName AS WriterName

FROMCUSTOMER AS C JOIN CUSTOMER ＿ WRITER ＿ INT AS CI

ONC. CustomerID = CI. CustomerID

JOINWRITER AS A

　ONCI. WriterID = A. WriterID；

当查询的结果表有许多行时，可能希望限制显示的行数。可以使用 SQL TOP Number of Rows 语法，同 ORDER BY 子句一起对数据进行排序，形成最终的 SQL 查询语句：

SELECT TOP 10 C. LastNante，C. FirstName，A. LastName AS WriterName

FROM CUSTOMER AS C JOIN CUSTOMER ＿ WRITER ＿ INT AS C

ONC. CustomerID = CI. CustomerID

　JOINWRITER AS A

　ON　CI. WriterID = A. WriterID

ORDER　BY　C. LastName，C. FirstName；

（二）外联接

SQL 查询：

SELECT　C. LastName，C. FirstNamle，T. TrangactionID，T. SalesPrice

FROMCUSTOMER AS C JOIN TRANS AS T

ONC. CustomerID = T. CustomerID

ORDER BYT. TransactionID；

上述 SQL 语句仅仅能够显示 CUSTOMER 表中 8/10 的行，其他 2/10 的客户由于从来没有从书店购买过图书。因此，这些 2/10 的客户的主键值没有和任何的 TRANS 中的外键值匹配。因为没有匹配，它们不会出现在这个联接的结果中。可以通过使用一个外联接促使所有 CUSTOMER 中的行出现。

SOL 外联接语法如下：

SELECTC. LastName，C. FirstName，T. TransactionID，T. SalesPrice

FROMCUSTOMER AS C LEFT JOIN TRANS AS T

ONC. CustomerID = T. CustomerID

ORDER BYT. TransactionID；

注意所有没有进行过购买的客户，SalesPrice 和 TransactionID 的值是 NULL。

外联接可以是从左或右进行的。如果外联接是从左进行的（SQL 左外联接使用 SQL LEFT JOIN 语法），那么左边的表中所有行（或联接的第一个表）将会被包含进结果中。如果外联接是从右进行的（SQL 右外联接使用 SQL RIGHT JOIN 语法），那么右边的表中的所有行（或联接的第二个表）将会被包含进结果中。

为了对右外联接进行描述，可以对前面用来联接客户和交易的查询进行修改。对于左外联接，空值显示的是还没有购买作品的客户。对于右外联接，空值将显示的是还没有被用户购买的作品。如果不是外联接，则该联接就称为内联接（inner joins）。外联接可以在任何层次上合并，就像内联接一样。

四、使用 SQL 视图

SQL 视图（SQL View）是从其他表或视图构造出的一个虚拟表，数据都是从其他表或视图中取得其本身没有的数据。视图是用 SQL SELECT 语句构造的，它使用 SQL CREATE VIEW 语法。视图名可以像表名那样用在其他 SQL SELECT 语句中的 FROM 子句中。用来构造视图的 SQL 语句的唯一限制是它不允许有 ORDER BY 子句。需要由处理视图的 SELECT 语句提供排序。

一旦创建了视图，就可以像表一样用于 SELECT 语句的 FROM 子句中。注意，返回的字段的数目取决于视图中的字段的数目，而不是底层表的字段的数目。

视图能够隐藏字段或记录；显示计算结果；隐藏复杂的 SQL 语言；层次化内置函数；在表数据和用户视图数据之间提供隔离层；为同一张表的不同视图指派不同的处理许可；为同一张表的不同视图指派不同的触发器许可。

（一）使用 SQL View 隐藏字段和记录

视图可以隐藏字段，从而简化查询结果或防止敏感数据的显示。通过在视图定义中的 WHERE 子句可以隐藏数据记录。以下 SQL 语句是定义一个包含所有地址在华盛顿（WA）的客户的姓名、电话号码的视图：

```
CREATE VIEW BasicCustomerDataWAView AS
SELECTLastName AS CustomerLastName,
    FirstName AS CustomerFirStName,
    AreaCode, PhoneNumber
FROMCUSTOMER
WHEREState = 'WA';
```

可以通过执行 SQL 语句来使用这个视图：

```
SELECT *
FROMBasicCustomerDataWAView
ORDER BYCustomerLastName, CustomerFirstName;
```

正如预期的那样，只有生活在华盛顿的读者出现在这个视图中。由于 State 并不是这个视图结果的一部分，这个特点是隐含的。这个特点的好坏依赖于视图的使用。如果应用于专门针对华盛顿的读者，这就是一个好的特点。而如果被误解为 SMT 仅有的客户，这就不好了。

（二）用 SQL 视图显示字段计算结果

视图的另一个用途是显示计算结果而不需要输入计算表达式。在视图中放置计算结果有两个主要的优点。首先用户可以不必写表达式就可以得到希望的结果，而且能够确保结果的一致。因为如果需要开发人员自己来写这个 SQL 表达式，不同的开发员写的可能不一样，导致不一致的结果。

（三）使用 SQL 视图隐藏复杂的 SQL 语法

视图也可以用于隐藏复杂的 SQL 语法。使用视图，开发人员就可以避免在需要特定的视图时输入复杂的语句。即使不了解 SQL 的开发人员，也能够充分利用 SQL 的优点。用于这种目的的视图同样可以确保结果的一致性。

与构造联接语法相比，使用视图简单了许多，甚至掌握 SQL 不错的开发者也会更趋向于使用一个简单的视图来进行操作。

（四）层次化内置函数

不能将一个计算或一个内置（built - in）函数作为 SQL WHERE 子句的一部分。但是可以建立一个计算变量的视图，然后根据视图写出 SQL，使得计算得出的变量应用到 WHERE 子句中。

这样的层次化可以延续到更多的级别。可以定义另一个视图，对第一个视图进行另一个计算。

（五）在隔离、多重许可和多重触发器中使用 SQL 视图

视图还有三种其他重要的用途：①可以从应用代码中隔离出元数据表，从而为数据管理员提供了灵活性；②对相同的表设置不同的处理许可；③可以在相同数据源上定义多个触发器集合。这个技术是一般用来满足 O－M 和 M－M 联系。在这种情况下，一个视图拥有一个触发器集合，可以禁止删除必需的孩子，另一个视图拥有一个触发器集合，用于删除必需的孩子以及双亲。这些视图用在不同的应用程序中，取决于这些应用程序的权限。

（六）更新 SQL 视图

有些视图可以更新，有些视图是不可以的。确定视图是否可更新的规则较为复杂且依赖于具体的 DBMS。下面是判断视图是否可更新的普遍指导原则，而具体细节是由应用中的 DBMS 决定的。

（1）对于可更新视图：①视图基于一个单独的表并且不存在计算字段，所有的非空字段都包含在视图中；②视图基于若干个表，有或没有计算字段，并且有 INSTEEAD OF 触发器定义在这个视图上。

（2）对于可能更新的视图：①基于一个单独的表，主键包含在视图中，有些必需的字段不包含在视图中，可能允许更新或者删除，但不允许插入；②基于多个表，可能允许对其中的大多数表做更新，只要这些表中的记录可以被唯一确定。

通常 DBMS 需要把待更新的字段与特定基本表的特定记录关联起来。如果要求 DBMS 来更新这个视图，首先需要确定这个请求有意义，是否有足够的数据来完成这个更新。显然，如果提供的是一张完整的表并且不存在计算字段，视图是可更新的。同时，DBMS 会标记这个视图是可更新的。

如果视图不包含某个被要求的字段，显然就不能用于插入。但只要包含主键（或者有些 DBMS 只要求一个候选键），这样的视图就可以用于更新和删除。多表视图中的大部分子表是可更新的，只要这个子表的主键或候选键包含在视图中。只有当该表中的主键或候选键处于视图中时才能完成这些操作。

五、在程序代码中嵌入 SQL

SQL 语句可以被嵌入到触发器、存储过程和程序代码中。为了在程序代码中嵌入 SQL，有两个问题必须解决。第一个问题是需要能够把 SQL 语句的结果赋予程序变量。第二个需要解决的问题涉及 SQL 和应用编程语言之间的

不匹配。SQL 是面向表的，SQL SELECT 从一张表或多张表开始，然后产生一张表作为结果。另一方面，程序是从一个或多个变量开始处理这些变量的，并且存储结果到某个变量中。为了避免这个问题，SQL 语句的结果被当作一个虚拟文件处理。当 SQL 语句返回一组记录时，指向特定记录的游标就被确定了。应用程序可以将指针指向 SQL 语句的输出结果中的第一行、最后一行或其他行上。根据游标的位置，该行中的所有列的值就会赋给程序的变量。当应用程序结束一个特定的行时，会将游标移向下一行、前一行或其他行，继续进行处理，从而逐条处理 SQL SELECT 返回的结果记录。

六、使用 SQL 触发器

触发器（Trigger）具有一触即发的意义。触发器是一组可以由系统自动执行对数据库修改的语句。有时触发器也称为主动规则（active rule），或称为事件→条件→动作规则（event-condition-action rule，ECA 规则）。触发器不同于存储过程，触发器主要是通过事件触发而被执行的，而存储过程可以通过存储过程名字被直接调用。

触发器是与表紧密联系在一起的，可以看作是基本表定义的一部分。只要提及某个具体的触发器，就是指某个具体表的触发器。触发器是在特定表上进行定义的，该表也称触发器表。操作针对触发器表时，如在表中插入（Insert）、删除（Delete）、修改（Update）数据时，触发器就自动触发执行。

触发器基于一个表创建。一般地，对表中数据的操作有三种基本类型，即数据插入、修改和删除。因此，触发器也有三种类型，即 Insert、Update 和 Delete。

触发器可以针对一个或多个表进行操作；一张表可以有多个触发器，用户可以针对 Insert、Delete 或 Update 语句分别设置触发器，也可以针对一张表上的特定操作设置多个触发器。触发器里可以容纳非常复杂的 SQL 语句，触发器常被用来实现复杂的企业业务规则，设置复杂的完整性约束条件。

触发器在服务器将特定的操作（Insert、Delete、Update）执行结束后才执行。如果在抽行特定数据库操作的过程中，发生了系统错误，则触发器将不会被触发，而且触发器只能作为一个独立的执行单元被执行，被看作是一个事务。如果在执行触发器的过程中发生了错误，则整个事务将自动回滚。

（一）触发器的原理

每个触发器有两个特殊的表：插入表（INSERTED）和删除表

(DELETED)。这两个表是逻辑表，总是与被该触发器作用的表有相同的表结构，且由系统管理存储在内存中，不是存储在数据库中。这两个表是只读的，不允许用户直接对其修改，即用户不能向这两个表写入内容，但可以引用表中的数据。可用如下语句查看 DELETED 表中的信息：

Select * from deleted

插入表和删除表是动态驻留在内存中的，当触发器工作完成，这两个表也被删除。这两个表主要保存因用户操作而被影响到的原数据值，或新数据值。

（1）插入表的功能。对一个定义了插入类型触发器的表来讲，一旦对该表执行了插入操作，那么对向该表插入的所有行来说都有一个相应的副本存放到插入表中，即插入表就是用来存储向原表插入的内容。

（2）删除表的功能。对一个定义了删除类型触发器的表来讲，一旦对该表执行了删除操作，则将所有的删除行存放至删除表中。这样做的目的是，一旦触发器遇到了强迫它中止的语句被执行时，删除的那些行可以从删除表中得以恢复。

需要强调的是，更新操作包括两个部分：先将更新的内容去掉，然后将新值插入。因此对一个定义了更新类型触发器的表来讲，当做更新操作时，在删除表中存放了旧值，然后在插入表中存放新值。

触发器仅当被定义的操作被执行时才被激活，即仅当在执行插入、删除和更新操作时触发器将执行。每条 SQL 语句仅能激活触发器一次，可能存在一条语句影响多条记录的情况。在这种情况下，SQL Server 就需要变量@@rowcount 的值，该变量存储了一条 SQL 语句执行后所影响的记录数，可以使用该值对触发器的 SQL 语句执行后所影响的记录求合计值。一般来说，要先用 IF 语句测试@@rowcount 的值，以确定后面的语句是否执行。

（二）触发器的功能

使用触发器的最终目的是为了更好地维护企业的业务规则。在实际运用中，触发器的主要作用是能够实现由主关键字、外来关键字和 CHECK 约束所不能保证的复杂的参照完整性和数据的一致性。这是因为在触发器中可以包含非常复杂的逻辑过程，而且和 CHECK 约束不同，触发器可以参照其他表中的列。例如，触发器能够找出某一表在数据修改前后状态发生的差异，并根据这种差异执行一定的处理。此外，一个表的同一类型（Insert、Update、Delete）的多个触发器，能够对同一种数据操作采取多种不同的处理。

除此之外，触发器还有其他许多功能。

（1）强化约束（Enforce Restriction）。触发器能够实现比 CHECK 语句更为复杂的完整性约束。

（2）跟踪变化（Auditing Changes）。触发器可以侦测数据库内的操作，从而不允许数据库中未经许可的指定更新和变化。

（3）级联运行（Cascaded Operation）。触发器可以侦测数据库内的操作，并自动地级联影响整个数据库的各项内容，如某个表上的触发器中包含有对另外一个表的数据操作（如删除、更新、插入），而该操作又导致该表的触发器被触发。

（4）存储过程的调用（Stored Procedure Invocation）。为了响应数据库更新，触发器可以调用一个或多个存储过程，甚至可以通过外部过程的调用而在 DBMS 本身之外进行操作。正是因为触发器的强大功能和优点，使得触发器技术获得了越来越多的关注、研究和推广应用。

（三）触发器的分类

触发器是一种特殊的存储过程，它可以在数据修改时被执行，这称作数据操作语言（DML）触发器，可以在数据模型操作中被执行，这称作数据定义语言（DDL）触发器。触发器是一段附着在特定表上的代码，被设置为通过响应 INSERT，DELETE 或 UPDATE 命令而自动运行。DDL 触发器则可以被附着在数据库中或服务器中所发生的行为上。

1. DML 触发器

触发器有很多用途。对于 DML 触发器来说，最常见的用途就是强制业务规则。例如，当客户下订单的时候，检查其是否有充足的资金，或看看是否有足够的股票；如果任何一种检查失败，就可以完成更多的操作，或是返回错误消息，并对更新进行回滚。

DML 触发器可以作为额外验证的组成部分，例如，对数据进行更复杂的检查，而这些检查是约束所不能完成的。使用约束而不是触发器，可以获得更好的性能。如果要处理的数据验证比较复杂，则使用触发器可能是更好的选择。DML 触发器的另一种用途是基于在原始被触发表中所发生的事情，对另一个表进行更改。例如，在添加一个订单时，可以创建一个 DML 触发器，以从股票中减少该订单中所包含项目的数量。DML 触发器可以被用于创建自动的审核捕获，生成每条记录的更改历史。

我们可以为除 SELECT 之外的任何表操作创建单独的触发器，或是创建可以被任何表的操作组合所触发的触发器。显然，因为在 SELECT 语句中没有发生任何类型的表修改操作，所以也就不能针对它创建触发器。触发器主要有三种类型：INSERT 触发器、DELETE 触发器、UPDATE 触发器。可以将这三种触发器组合起来使用。

如果需要的话，也可以让触发器对其他数据库中的表进行更新，也就是说可以让触发器跨服务器操作。因此，触发器的作用域不只限于当前的数据库中。

也可以让触发器触发对数据的修改，这种修改又会触发另一个触发器，这称作嵌套触发器（nested trigger）。例如，假设你有一个表 A，其中有一个触发器，会触发对表 B 的修改，这种修改又会接着触发表 B 上的一个触发器，以实现对表 C 的修改。如果对表 A 进行了修改，则表 A 上的触发器会被触发，以对表 B 进行修改，这又会触发表 B 上的触发器，再修改表 C。在 SQL Server 中，这种触发器的嵌套最多可以嵌套 32 层，如果你的嵌套层数接近这种极限，要么表明你有一个非常复杂的系统，要么说明你在使用触发器方面过分热心。

可以关闭触发器的嵌套，这样当一个触发器被触发时，不会再接着触发其他的触发器。这不符合通常的应用规范。需要注意的是，在开始使用嵌套触发器时，性能会受到很大的影响，应该在真正需要的时候才使用它们。就像在存储过程中一样，在构建触发器时要小心，不要创建潜在的死循环。如果在触发器所导致的更新中，将触发在循环中早先已经被触发的触发器，就会重复过程，成为死循环。

2. DDL 触发器

在数据库或服务器上，对 SQL Server 中的对象中是否发生了某种操作而进行检查，这样的代码并不是每天都需要编写。越来越多的审核需求被公司强制执行，以确保他们的数据是安全的，不会被索赔，审核员现在需要对那些可能会导致数据被修改的地方特别注意。DDL 触发器很像数据触发器，因为它可以在系统表（而不是用户表）中的行被插入、删除或更新时被执行。

首先，让我们看一下数据库作用域中的事件。

DDL DATABASE LEVEL EVENTS

在这里会列出可以导致 DDL 触发器被执行的所有的事件。同可以执行一个或多个行为的 DML 触发器类似，DDL 触发器也可以与一个或多个行为相关联。DDL 触发器可以与不同特定的表或行为类型相关联。因此，一个触发器可以在任何数量的无关事务上执行。例如，同一个触发器，可以在存储过程被创建时被触发，可以在用户登录名被删除时被触发，也可以在表被修改时被触发。如果任何触发器都像这样的话，会创建很多，但这是不可能的。

有两种方法可以创建对触发事件的捕获。可以对单独的事件（或一个逗号分隔符列表）进行捕获，或一次捕获所有的事件。一旦了解了哪些事件是可用的，你就会知道如何实现这些了。

（1）数据库作用域事件。下面列出了所有可以被捕获的 DDL 数据库行为。这是一个很全面的列表，覆盖了数据库的每个事件。

CREATE _ TABLE	ALTER _ TABLE	DROP _ TABLE
CREATE _ VIEW	ALTER _ VIEW	DROP _ VIEW
CREATE _ SYNONYM	DROP _ SYNONYM	CREATE _ FUNCTION
ALTER _ FUNCTION	DROP _ FUNCTION	CREATE _ PROCEDURE
ALTER _ PROCEDURE	DROP _ PROCEDURE	CREATE _ TRIGGER
ALTER _ TRIGGER	DROP _ TRIGGER	CREATE _ EVENT _ NOTIFICATION
DROP _ EVENT _ NOTIFICATION	CREATE _ INDEX	ALTER _ INDEX
DROP _ INDEX	CREATE _ STATISTICS	UPDATE _ STATISTICS
DROP _ STATISTICS	CREATE _ ASSEMBLY	ALTER _ ASSEMBLY
DROP _ ASSEMBLY	CREATE _ TYPE	DROP _ TYPE
CREATE _ USER	ALTER _ USER	DROP _ USER
CREATE _ ROLE	ALTER _ ROLE	DROP _ ROLE
CREATE _ APPLICATION _ ROLE	ALTER _ APPLICATION _ ROLE	DROP _ APPLICATION _ ROLE
CREATE _ SCHEMA	ALTER _ SCHEMA	DROP _ SCHEMA
CREATE _ MESSAGE _ TYPE	ALTER _ MESSAGE _ TYPE	DROP _ MESSAGE _ TYPE
CREATE _ CONTRACT	ALTER _ CONTRACT	DROP _ CONTRACT
CREATE _ OUEUE	ALTER _ OUEUE	DROP _ OUEUE
CREATE _ SERVICE	ALTER _ SERVICE	DROP _ SERVICE
CREATE _ ROUTE	ALTER _ ROUTE	DROP _ ROUTE
CREATE _ REMOTE _ SERVICE _ BINDING	ALTER _ REMOTE _ SERVICE _ BINDING	DROP _ REMOTE _ SERVICE _ BINDING
GRANT _ DATABASE	DENY _ DATABASE	REVOKE _ DATABASE
CREATE _ SECEXPR	DROP _ SECEXPR	CREATE _ XML _ SCHEMA
ALTER _ XML _ SCHEMA	DROP _ XML _ SCHEMA	CREATE _ PARTITION _ FUNCTION
ALTER _ PARTITION _ FUNCTION	DROP _ PARTITION _ FUNCTION	CREATE _ PARTITION _ SCHEME
ALTER _ PARTITION _ SCHEME	DROP _ PARTITION _ SCHEME	

（2）服务器作用域中的 DDL 语句。数据库级别的事件并不是在触发器中唯一可以被捕获的事件；服务器事件也可以被捕获。

下面这些 DDL 语句在整个服务器的作用域中都可以使用。

CREATE _ LOGIN	ALTER _ LOGIN	DROP _ LOGIN
CREATE _ HTTP _ ENDPOINT	DROP _ HTTP _ ENDPOINT	GRANT _ SERVER _ ACCESS
DENY _ SERVER _ ACCESS	REVOKE _ SERVER _ ACCESS	CREATE _ CERT
ALTER _ CERT	DROP _ CERT	

DDL 触发器还可以接收在数据库以及 T－SQL 代码中所发生的每个事件，并确定针对每个事件要进行什么样的操作。如果在每个行为中对每个事件都进行捕获，可能会增大系统的运行负担。

DDL 触发器的语法同 DML 触发器的语法非常类似：

```
CREATE TRIGGER trigger _ name
ON {ALL SERVER | DATABASE}
[WITH ENCRYPTION]
{
{
{FOR | AFTER) (event _ type, …}
AS
sql _ statements
}
}
```

主要的不同选项如下：

• ALL SERVER | DATABASE：在创建触发器的时候确定让触发器被服务器事件所触发，还是被数据库事件所触发。

• Event _ type：这是一个逗号分隔的服务器或数据库的列表，在其上的 DDL 行为会被捕获。

（四）触发器的管理

触发器统一也是一种数据库对象，创建了触发器后，还可以对其进行修改、删除、查看、设置等一系列管理工作。

1. 触发器的查询

SQL Server 提供了 sp _ help、sp _ helptext 和 sp _ depends 三个系统存储

过程，通过使用它们可以快捷地查询某个触发器的相关信息。

（1）sp _ help。用于查看触发器的一般信息，如触发器的名称、属性、类型和创建时间。使用语法格式如下：

sp _ help '触发器名称'

（2）sp _ helptext。用于查看触发器的正文信息。使用语法格式如下：

sp _ helptext '触发器名称'

（3）sp _ depends。用于查看指定触发器所引用的表或者指定的表涉及到的所有触发器。使用语法格式如下：

sp _ depends '触发器名称'

2. 触发器的修改

可以使用 ALTER TRIGGER 语句，更改以前使用 CREATE TRIGGER 语句创建的 DM 或 DDL 触发器的定义。其语法与使用 CREATE TRIGGER 语句创建触发器的语法完全相同，这里不再赘述。

若要更改 DML 触发器，需要对定义该触发器所在的表或视图具有 ALTER 权限，若要更改服务器作用域（ON ALL SERVER）的 DDL 触发器，需要对服务器具有 CONTROL SERVER 权限。若要更改数据库作用域（ON DATABASE）的 DDL 触发器，需要对当前数据库使用 ALTER ANY DATABASE DDL TRIGGER 权限。

另外，用户还可以使用 sp _ rename 系统存储过程重命名触发器。需要注意的是，重命名 DDL 触发器不会更改其在触发器定义文本中的名称，若要更改定义中的触发器的名称，请使用 ALTER TRIGGER 直接修改触发器。

修改触发器还可以使用 ALTER TRIGGER 语句，其语法格式如下：

```
ALTER TRIGGER 触发器名称 ON（表名｜视图名）
[WITH ENCRYPTION]
{
{
(FOR｜AFTER｜INSTEAD OF){[DELETE][,][INSERT][,][UPDATE]}
[NOT FOR REPLICATION]
AS
sql _ statement [···n]
}
{(FOR｜AFTER｜INSTEAD OF){[INSERT][,][UPDATE]}
```

```
[NOT FOR REPLICATION]
AS
{IF UPDATE (column)
[ {AND | OR} UPDATE (column)]
[···n]
 | IF (COLUMNS _ UPDATED () {bitwise _ operator}
updated _ bitmask)
{comparison _ operator} column _ bitmask [···n]
}
sql _ statement [···n]
}
}
```

各参数含义和 CREATE TRIGGER 语句相同，这里不再介绍。

3. 触发器的删除

除了使用 SQL Server Management Studio 删除触发器外，也可以使用 DROP TRIGGER 语句来删除触发器。其语法格式如下：

```
DROP TRIGGER {trigger} [, ···n]
```

其中，trigger 是要删除的触发器名称；而 n 表示可以指定多个触发器的占位符。

4. 触发器的禁用/启用

当不再需要某个 DML 或者 DDL 触发器时，可以禁用或删除该触发器。

禁用触发器不会将其删除，该触发器仍然作为对象存在于当前数据库中。但是，当引发触发器的任何 Transact－SQL 语句运行时，触发器将不会激发。可以重新启用禁用的触发器。

启用触发器会使该触发器像在最初创建时那样激发。创建触发器后，这些触发器在默认情况下处于启用状态。

可以使用 DISABLE TRIGGER 语句禁用触发器，其语法可表示如下：

```
DISABLE TRIGGER { [schema.] trigger _ name [, ···n] | ALL}
ON {object _ name | DATABASE | SERVER}
```

同样，可以使用 ENABLE TRIGGER 语句重新启用触发器，其语法可表示如下：

```
ENABLE TRIGGER { [schema.] trigger _ name [, ···n] | ALL}
```

ON ｛object ＿ name｜DATABASE｜SERVER｝

其中，trigger ＿ name 为要禁用或重新启用的触发器的名称；ALL 表示禁用或重新启用在 ON 子句作用域中定义的所有触发器；object ＿ name 为 DML 触发器 trigger ＿ name 相关联的表或视图的名称；DATABASE 表示数据库作用域的 DDL 触发器；ALL SERVER 表示服务器作用域的 DDL 触发器。

七、使用存储过程

存储过程（Stored procedure）是一组为了完成特定功能的 SQL 语句集，经编译后存储在数据库中。它可以被客户端应用程序、另一个存储过程或触发器反复调用，它的参数可以被传递和返回。用户通过指定存储过程的名字并给出参数（如果该存储过程会有参数）来执行它。存储过程与一般的程序过程一样，能够接受输入数据，返回结果值，返回操作成功与否的状态值等。

存储过程是存储在服务器上的预先编译好的 SQL 语句，可以在服务器上的 SQL Server 环境下运行，深入到客户/服务器模型的核心能充分体现其优点。由于是 SQL Server 管理系统中的数据库，因此最好在用户系统上运行存储过程来处理数据。

存储过程最早是由 Sybase 在 Sybase SQL Server 产品中推出的，其产生的原因主要是 SQL 在客户/服务器数据库体系结构中的执行性能受到了挑战。由于没有存储过程，应用程序发出的每个 SQL 操作请求都要通过网络发送到数据库服务器，并等待通过网络返回的应答消息。而借助于存储过程，这些操作步骤可以被编入一个过程，并存储到数据库中。应用程序只需要请求执行存储过程并等待执行结果即可。

存储过程可以返回值、修改值，将系统欲请求的信息与用户提供的值进行比较。在 SQL Server 硬件配置下，存储过程可以快速运行。它能识别数据库，而且可以利用 SQL Server 优化器在运行时获得最佳性能。

（一）存储过程的优点

用户可向存储过程传递值，存储过程也可返回内部表中的值，这些值在存储过程运行期间进行计算。广义上讲，使用存储过程有如下好处。

1. 性能

因为存储过程是在服务器上运行的，服务器通常是一种功能更强的机器，它的执行时间要比在工作站中的执行时间短，另外，由于数据库信息已经物理地在同一系统中准备好，因此就不必等待记录通过网络传递进行处理。

存储过程具有对数据库立即的、准备好的访问，这使得信息处理极为迅速。

2. 客户/服务器开发分离

将客户端和服务器端的开发任务分离，可减少完成项目需要的时间。用户可独立开发服务器端组件而不涉及客户端，并可在客户方应用程序间重复使用服务器端组件。

3. 安全性

如同视图，可使用存储过程作为一种工具来加强安全性。可以创建存储过程来完成所有增加、删除和列表操作，并可通过编程方式控制上述操作中对信息的访问。

4. 面向数据规则的服务器端措施

这是使用智能数据库引擎的最重要原因之一，存储过程可利用规则和其他逻辑控制输入系统的信息。在创建用户系统时要切记客户服务器模型。记住，数据管理工作由服务器负责，因为报表和查询所需的数据表述和显示的操作在理想模型中应驻留在客户方。创建系统时，注意上述各项可移到模型的不同终端，从而优化用户处理应用程序的过程。

存储过程虽然既有参数又有返回值，但它与函数不同。存储过程的返回值只是指明执行是否成功，它不能像函数那样被直接调用，即在调用存储过程时，在存储过程名字前一定要有 EXEC 保留字。对数据结果进行处理时，存储过程能够通过接收参数向调用者返回结果集，结果集的格式由调用者确定；返回状态值给调用者，指明调用是成功或是失败，包括针对数据库的操作语句，并且可以在一个存储过程中调用另一存储过程。

虽然 SQL Server 被定义为非过程化语言，但 SQL Server 允许使用流程控制关键字。用户可以使用流程控制关键字创建一个过程，以便保存供后续执行。用户可使用这些存储过程对 SQL Server 数据库和其表进行数据处理，而不必使用传统的编程语言，如 C 或者 Visual Basic 编写程序。

存储过程相比动态 SQL Statement 具有下述优势：

（1）存储过程在第一次运行时编译，并被存储在当前数据库的系统表中。当存储过程被编译时，它们被优化以选择访问表信息的最佳路径，这一优化要考虑到表中数据的实际形式、索引是否可用或表负载等一些因素。这些编译后的存储过程可大大加强系统的性能。

（2）另一个有利条件是可在本地或远程 SQL Server 上执行存储过程，这样就可在其它计算机上运行进程，处理跨越服务器的信息，而不仅仅是本地数据库的信息。

（3）用其它程序设计语言编写的应用程序也可执行存储过程，提供了一个客户端软件和 SQL Server 之间的优化的解决方案。

（二）存储过程分类

1. 系统存储过程

系统存储过程是指用来完成 Microsoft SQL Server 2012 中许多管理活动的特殊存储过程。系统存储过程在 SQL Server 安装成功后，就已经存储在系统数据库 master 中，并以 sp 为前缀。系统存储过程主要是从系统表中获取信息，从而为数据库系统管理员管理 SQL Server 提供支持。通过系统存储过程，SQL Server 中的许多管理性或信息性的活动（如获取数据库和数据库对象的信息）都可以被顺利有效地完成。从物理意义上讲，系统存储过程存储在 Resource 系统数据库中，并且带有 sp _ 前缀。从逻辑上看，系统存储过程出现在每个系统数据库和用户数据库的 sys 构架中。在 SQL Server 中，可将 GRANT、DENY 和 REVOKE 权限应用于系统存储过程。

在 SQL Server Managment Studio 中可以查看系统存储过程。启动 SQL Server Management Studio 后，在左侧"对象资源管理器"中展开节点"实例数据库"｜"可编程性"｜"存储过程"，在"系统存储过程"下可以看到所有系统存储过程的列表。

系统存储过程在 master 数据库中，但在其他数据库中可以直接调用。调用时不必在存储过程名称前加上数据库名称，因为在创建一个新数据库时，系统存储过程会在新的数据库中被自动创建。

2. 用户自定义存储过程

用户自定义存储过程是主要的存储过程类型，是由用户创建并能完成某一特定功能（如查询用户所需数据信息）的存储过程，是封装了可重用代码的 SQL 语句模块。用户自定义存储过程可以接受输入参数；向客户端返回表格或标量结果和消息；调用数据定义语言（DDL）和数据操作语言（DML）语句，以及返回输出参数。用户自定义存储过程虽然既可以有参数又有返回值，但是它与函数不同，存储过程的返回值只是指明了执行是否成功，并不能像函数那样被直接调用，只能用 execute 来执行存储过程。

在 Microsoft SQL Server 2012 系统中，用户自定义的存储过程有两种类型：T－SQL 存储过程和 CLR（公共语言运行时）存储过程。T－SQL 存储过程是指保存着 T - SQL 语句的集合，可以接受和返回用户提供的参数。CLR 存储过程是指对 Microsoft. NET Framework 公共语言运行时方法（CLR）的引用，可以接受用户提供的参数并返回结果。

3. 扩展存储过程

扩展存储过程是指使用某种编程语言（例如 C 语言等）创建的外部例程，是可以在 Micros - oft SQL Server 实例中动态加载和运行的 DLL。但是，微软公司宣布，从 Microsoft SQL Server 2005 版本开始，将逐步删除扩展存储过程类型，因为使用 CLR 存储过程可以可靠而又安全地实现扩展存储过程的功能。

（三）存储过程的创建

1. 存储过程命令

在 SQL Server 中使用 T - SQL 创建存储过程的语法，T - SQL 对标准 SQL 在程序流程控制、错误处理、游标等方面进行了扩展。

虽然在 CREATE PROCEDURE 语句中可以包含任意数量和任意类型的 T - SQL 语句，但是，某些特殊的语句是不能包含在存储过程定义中的。这些不能包括在 CREATE PROCEDURE 语句中的特殊语句如下：

- CREATE AGGREGATE
- CREATE DEFAULT
- CREATE FUNCTION
- CREATE PROCEDURE
- CREATE RULE
- CREATE SCHEMA
- CREATE TRIGGER
- CREATE VIEW
- SET PARSEONLY
- SET SHOWPLAN _ TEXT
- SET SHOWPLAN _ ALL
- SET SHOWPLAN _ XML
- USE database _ name

除了上面列出的 CREATE 语句之外，其他的数据库对象都可以在存储过程中创建，只要在引用前该对象已经被创建即可。也可以在存储过程中引用临时表。如果在存储过程中创建了本地临时表，则临时表只是存在于该存储过程内，退出存储过程之后，相应的临时表也就消失了。如果正在执行的存储过程调用了另外一个存储过程，那么这个被调用的存储过程可以访问由第一个存储过程创建的所有对象，包括临时表在内。存储过程可以带有参数，但是参数的数量不能超过 2 100 个。

在 Microsoft SQL Server 2012 系统中，创建存储过程有两种方法：一是使用 SQL Server Management Studio；二是使用 T－SQL 的 CREATE PRO-CEDURE 命令。默认情况下，创建存储过程的许可归数据库的所有者，数据库的所有者可以把许可授权给其他用户。当创建存储过程时，需要确定存储过程的以下 3 个组成部分：所有的输入参数以及传给调用者的输出参数；被执行的针对数据库的操作语句，包括调用其他存储过程的语句；返回给调用者的状态值，以指明调用是否成功。

如果在过程定义中为参数指定 OUTPUT 关键字，则存储过程在退出时可将该参数的当前值返回至调用程序。这也是用变量保存参数值以便在调用程序中使用的唯一方法。

使用 T－SQL 语句中的 CREATE PROCEDURE 命令创建存储过程时，应该考虑下列事项：①不能将 CREATE PROCEDURE 语句与其他 SQL 语句组合到单个批处理中；②创建存储过程的权限默认属于数据库所有者，该所有者可将此权限授予其他用户；③存储过程是数据库对象，其名称必须遵守标识符规则；④存储过程是架构作用域中的对象，只能在本地数据库中创建存储过程；⑤一个存储过程的最大限制为 128MB。

使用 CREATE PROCEDURE 命令创建存储过程的语法格式如下：

```
CREATE{PROC | PROCEDURE}[schema _ name. ]procedure _ name[;number]
[{@parameter[type _ schema _ name. ]data _ type}
[VARYING][ = default][[OUT[PUT]][,…n]
[WITH<procedure _ option>[,…n]
[FOR REPLICATION]
AS
{<sql _ statement>[;][…n] | <method _ specifier>}[;]
```

其中各参数的意义如下。

· schema _ name：过程所属的架构名称。

· procedure _ name：用于指定所要创建的存储过程的名称。存储过程的命名必须符合标识符命名规则，在一个数据库中或对其所有者而言，存储过程的名称必须唯一。

• number：该参数是可选的整数，用来对同名的存储过程分组，以便用一条 DROP PROCEDURE 语句即可将同组的过程一起删除。例如，名为 sales 的应用程序适用的过程可以命名为 salesproce1、salesproce2 等。DROP PROCEDURE salesproce 语句将删除整个组。如果名称中包含定界标识符，则数字不应包含在标识符中，只应在 procedurename 前后使用适当的定界符。

• @parameter：过程中的参数。在 CREATE PROCEDURE 语句中可以声明一个或多个参数。用户必须在执行过程时提供每个所声明参数的值（除非定义了该参数的默认值）。存储过程最多可以有 2 100 个参数。

• ［type ＿ schema ＿ name.］data ＿ type：参数以及所属架构的数据类型。除 table 之外的其他所有数据类型均可用作 T－SQL 存储过程参数。但是，cursor 数据类型只能用于 OUTPUT 关键字。可以为 cursor 数据类型指定多个输出参数。

• VARYING：用于指定作为输出 OUTPUT 参数支持的结果集（由存储过程动态构造，内容可以变化）。仅适用于游标参数。

• Default：用于指定参数的默认值。如果定义了默认值，不必指定该参数的值即可执行过程。默认值必须是常量或空值。如果存储过程将对该参数使用 LIKE 关键字，那么默认值中可以包含通配符（％，＿，［］和［∧］）。

• OUTPUT：表明该参数是一个返回参数。该选项的值可以返回给 EX-EC［UTE］。使用 OUTPUT 参数可将信息返回给调用过程。text、ntext 和 image 参数可用作 OUTPUT 参数。使用 OUTPUT 关键字的输出参数可以是游标占位符。

• FOR REPLICATION：用于指定不能在订阅服务器上执行为复制创建的存储过程。使用 FOR REPLICATION 选项创建的存储过程可用作存储过程筛选，且只能在复制过程中执行。本选项不能和 WITH RECOMPILE 选项一起使用。

• AS：用于指定该存储过程要执行的操作。

• Sql ＿ statement：是存储过程中要包含的任意数目和类型的 T－SQL 语句，但有一些限制。

以下是创建存储过程时需注意的几个问题。

（1）数据库对象均可在存储过程中创建。可以引用在同一存储过程中创建的对象，只要引用时已经创建了该对象即可。

（2）可以在存储过程内引用临时表。如果在存储过程内创建本地临时表，则临时表仅为该存储过程而存在；退出该存储过程后，临时表将消失。

（3）如果执行的存储过程调用另一个存储过程，则被调用的存储过程可以访问由第一个存储过程创建的所有对象，包括临时表在内。

（4）如果执行对远程 SQL Server 实例进行更改的远程存储过程，则不能回滚这些更改。远程存储过程不参与事务处理。

（5）存储过程中的局部变量的最大数目仅受可用内存的限制。

（6）根据可用内存的不同，存储过程最大可达 128MB。

（7）在存储过程内，如果用于语句（例如 SELECT 或 INSERT）的对象名称没有限定架构，在架构将默认为该存储过程所在的架构。在存储过程内，如果创建该存储过程的用户没有限定 SELECT、INSERT、UPDATE 和 DE-LETE 语句中引用的表名或视图名，在默认情况下，通过该存储过程对这些表或视图进行的访问将受到该过程创建者的权限的限制。

（8）如果希望其他用户无法查看存储过程的定义，则可以使用 WITH ENCRYPTION 子句创建存储过程。这样，过程定义将以不可读的形式存储。

（9）不要以 sp_ 为前缀创建任何存储过程。sp_ 前缀是 SQL Server 用来命名系统存储过程的，使用这样的名称可能会与以后的某些系统存储过程发生冲突。

2. 存储过程命令分析

存储过程由一条 CREATE PROCEDURE 语句开始。该 CREATE PRO-CEDURE 语法提供了非常多的灵活的选项，并将 T - SQL 扩展为一些不同的命令。其常规语法显示如下：

```
CREATE   PROCEDURE   procedure_name
[{@parameter_name} datatype [=default_value] [OUTPUT]]
[{WITH [RECOMPILE | ENCRYPTION | RECOMPILE, ENCRYPTION]}]
AS
[BEGIN]
Statements
[END]
```

先要通知 SQL Server 所需要执行的动作。由于要创建存储过程，因此需要指派一条 CREATE PROCEDURE 语句。

语法的下一部分，提供存储过程的名称。就像其他的任何 SQL Server 对象一样，建议采用一种命名标准来为存储过程命名。虽然对于每个人来说，在 SQL Server 中都有其自己的命名标准，然而按照一种非常通用的命名习惯，你可能想为它指定前缀名 sp _ ，以便在使用时知道它到底是什么类型的对象。

需要注意的是，带有前缀 sp _ 的存储过程，看上去像系统存储过程；由于对系统存储过程的检查，你可能会偶然碰上不必要的编译锁。因此，要避免这种命名习惯。

很多人都采用一种不同的命名习惯，就根据存储过程要完成的工作来为它定义前缀。例如，若存储过程执行的是更新操作，则为它指定前缀 up，删除操作的存储过程则使用前缀 dt，选择操作的存储过程，则使用前缀 sl。可以使用很多不同的前缀，一旦决定了要使用的命名标准，就应该坚持用下去。

一些存储过程在执行的时候，需要为之提供信息，这可以通过传递参数来完成。例如，将客户号传递给一个存储过程以为它提供需要的信息，以允许为语句创建事务列表。可以传递多个参数，所要做的就是用逗号将它们分隔开。

任何定义的参数前都需要使用@符号作为前缀。不是所有的存储过程都需要参数，因此参数是可选的。如果需要向存储过程传递信息，则可以先为参数命名，并在后面跟上其数据类型。如果需要的话，还可以指定要传递的数据长度。例如，下面的代码定义了一个名为 L _ Name 的参数，其数据类型是 varchar，长度为 50：

@L _ Name varchar（50）

还可以指定参数的默认值。用户在执行存储过程时若没有提供该参数，就使用该默认值作为参数值，该值必须是一个常量值，如'DEFAULT'或 24031964，它也可以为 NULL。不能将变量定义为默认值，因为在存储过程被构建的时候不能解析它。例如，你的应用程序为市场部门所使用，它是公共的，而不是专有的，则可以将 department 变量设置为可选参数，并将其默认值设置为 markting：

@department varchar（50）='marketing'

在这个例子中，如果你来自市场部门，则不需要提供 department 参数的输入。如果你来自信息服务部门，那么就需要简单提供 department 参数的输入，输入的参数值会覆盖其默认值。

通过使用参数向外传递信息，存储过程可以返回一个或多个值。这仍然像定义输入参数那样定义参数，其有一个例外和一个额外选项。例外的选项是，不能为这种参数设置默认值。如果试图这么做，虽然不会产生错误，但是会忽略其设置。额外的选项是，需要在这类参数后使用 OUTPUT 关键字，它必须位于数据类型定义的后面：

```
@calc _ result varchar (50) OUTPUT
```

并不一定要在输入参数的后面来书写输出参数，这两种参数可以混杂书写。按照惯例，通常将输出参数写在后面，这可以让存储过程更容易被理解。

在继续进行下去之前，关于参数至少还有一点需要被讨论，在执行存储过程和使用定义参数的时候，要注意该事项。要执行带有输入参数的存储过程，有两种方法来运行它。

第一种方法是先写存储过程的名称，然后将参数值以参数被定义时的顺序传递给存储过程。这时 SQL Server 获取每个逗号分隔的值，并将它们指派给定义的变量。这种情况假设参数的顺序不会变化，并且任何已定义了默认值的参数也都需要被赋值。

第二种方法是首选的方法，这种执行存储过程的方法是先提供存储过程的名称，其后跟随传入的参数值。在执行的时候才确定参数的值，它同在存储过程中命名参数的顺序无关，因为 SQL Server 会将在外的参数定义同存储过程内的参数定义相匹配。因此，也不需要定义已有默认值的参数值。如果为了向后兼容的缘故，需要将存储过程进行扩展，可以在存储过程中再次定义带有默认值的参数，而不需要对现有的每个调用代码进行更改。

随之而来的两个选项用于定义如何构建存储过程。首先，正如一再提醒的，在一个存储过程被首次运行，且过程缓存中没有现存的计划时，它会被编译为一个执行计划，这是 SQL Server 中的一个内部数据结构，它描述在存储过程中如何执行请求的操作。SQL Server 保存被编译的代码且并发执行，这可以节约时间和资源。

在存储过程上的 RECOMPILE 选项指示 SQL Server 在每次运行存储过程的时候，都让整个过程被重新编译。例如，当一个参数对返回的行数产生很大的影响的时候，可能就需要为存储过程添加 RECOMPILE 选项，以强制优化器每次都生成最好的计划。对于某些参数值来说，重用计划可能不太好。你可以避免这种重用。第二个选项是 ENCRYPTION 关键字。它可以对存储过程进行加密（其实是打乱），这样其中的内容就不那么容易被看到。

请记住 ENCRYPTION 不加密数据，只是保护源代码不被窥视和修改。在 ENCRYPTION 和 RECOMPILE 这两个选项前放置 WITH 关键字，通过在其间使用逗号分隔，可以让它们同时被指派：

```
CREATE PROCEDURE sp _ do _ nothing
@nothing int
```

WITH ENCRYPTION，RECOMPILE

AS

SELECT something FROM nothing

关键字 AS 定义 T－SQL 代码的起始之处，这将是存储过程的基础。AS 没有其它的功能，在 CREATE PROCEDURE 命令中，强制使用它来指明所有变量的定义语句和过程创建选项语句的结束位置。一旦定义了关键字 AS，就可以开始创建 T－SQL 代码了。

（四）存储过程的管理

在 SQL Server 2012 中，存储过程的管理包括查看存储过程、执行存储过程、修改和删除存储过程等，下面分别予以介绍。

1. 查看存储过程

SQL Server 2012 提供了如下系统存储过程用于查看用户创建的存储过程。

（1）sp＿help。用于显示存储过程的参数及其数据类型，其语法如下：

sp＿help［［@objname＝］name］

其中，参数 name 为要查看的存储过程的名称。

（2）sp＿helptext。用于显示存储过程的源代码，其语法如下：

sp＿helptext［［@objname＝］name］

其中，参数 name 为要查看的存储过程的名称。

（3）sp＿depends。用于显示和存储过程相关的数据库对象，其语法如下：

sp＿depends［@objname＝］'object'

其中，参数 object 为要查看依赖关系的存储过程的名称。

（4）sp＿stored＿procedures。用于返回当前数据库中的存储过程列表，其语法如下：

sp＿stored＿procedure［［@sp＿name＝］'name'］

［，［@sp＿owner＝］'owner'］

［，［@sp＿quslifier＝］'qualifier'］

其中，［@sp＿name＝］'name' 用于指定返回目录信息的过程名；［@sp＿owner＝］'owner' 用于指定过程所有者的名称；［@sp＿qualifier＝］'qualifier' 用于指定过程限定符的名称。

2. 执行存储过程

执行存储过程可使用 EXECUTE 命令。

其语法格式如下：

[EXEC[UTE]]

[@return ＿ status ＝]{procedure ＿ name[;number] | @procedure ＿ name ＿ var}

[[@parameter ＝]{value | @variable[OUTPUT] | [DEFAULT]} | [,…n]

[WITH RECOMPILE]

执行命令中的选项含义与创建命令中的选项含义相同。

@return ＿ status 是一个可选的整型变量，用于保存存储过程的返回状态。

procedure ＿ name 是拟执行的存储过程的名称，该名称必须符合标识符命名规则。

number 是可选的整数，用于将相同名称的过程进行组合。例如，在员工管理应用程序中使用的过程可以用 empproc 等来命名。DROPPROCEDURE empproc 语句可以用于除去整个组。

3. 修改存储过程

要更改先前通过执行 CREATE PROCEDURE 语句创建的过程，可使用 ALTER PROCEDURE 语句，但它不会更改权限，也不影响相关的存储过程或触发器。其语法格式为：

ALTER PROCEDURE procedure ＿ name [; number]

[

{@parameter data ＿ type}

[VARYING] [＝ default] [OUTPUT]

]

[, …n]

[

WITH {RECOMPILE | ENCRYPTION | RECOMPILE，ENCRYPTION}

]

[FOR REPLICATION]

AS

sql ＿ statement […n]

所用参数的信息可参考 CREATE PROCEDURE 语句。

4. 删除存储过程

使用 DROP PROCEDURE 从当前数据库中删除一个或多个存储过程或过程组。

其语法格式为：

DROP PROCEDURE {procedure} [, …n]

其中，参数 PROCEDURE 的作用是删除的存储过程或存储过程组的名称。过程名称必须符合标识符规则。n 表示可以指定多个过程的占位符。

5. 存储过程的应用策略

下面给出在数据库应用系统中采用存储过程的一些基本策略。

（1）重复调用的、需要一定运行效率的逻辑与运算处理宜采用存储过程来实现。

（2）易于变化的业务规则应放入存储过程中。

（3）需要集中管理和控制的逻辑与运算处理应放入存储过程中。存储过程只需在数据库服务器中保存一份拷贝，所有的应用子系统均可调用和执行该存储过程，应用子系统只须编写相同的处理逻辑程序，这样也便于应用程序的维护与版本的管理。

（4）存储过程可作为保证系统数据安全性和数据完整性的一种实现机制。例如，一个用户可以被授予权限去调用存储过程执行修改某特定表的行列子集，即使他对该表没有任何其他权限，也可保证系统数据的安全性。同样，存储过程（触发器）还可使相关的表数据操作在一起发生，从而维护数据的完整性。

（5）需要对基本表的数据进行较复杂的中间逻辑处理过程才能返回所需的结果数据集时，应采用存储过程来完成。在应用程序开发中，经常会遇到这样的情况，应用程序查询分析的结果数据很难直接从基本数据表中处理得到，而需要对基本表进行较复杂的逻辑操作处理或者需要建立若干过渡临时表，才能得到最终的结果数据。如果这样处理操作均在客户端由应用程序完成，则效率是低下的；相反若采用存储过程实现，则诸多问题都会迎刃而解。

（6）在存储过程中使用数据库事务处理。在很多情况下，在存储过程都会遇到需要同时操作多个表的情况，这时就需要避免在操作的过程中由于意外而造成的数据的不一致性。因此，需要将操作多个表的逻辑放入事务中进行处理。需要注意的是，不能在事务中使用语句强行退出，这样会引发事务的非正常错误，不能保证数据的一致性。并且，一旦将多个处理放入事务中，系统的处理速度会有所降低，所以应当将频繁操作的多个可分割的处理过程放入到多个存储过程当中，这样会大大提高系统的响应速度，但前提是不违背数据的一致性。

第二节 云计算环境下数据库再设计的实现

一、云计算环境下数据库再设计的必要性

要想第一次就正确地建立数据库并不容易，尤其是当数据库来自新系统的开发时。即便能够获得所有的用户需求，并建立了正确的数据模型，要把这个数据模型转变成正确的数据库设计，也是非常困难的。对于大型数据库来说，可能还要分若干个阶段来开发。在这些阶段里，数据库的某些方面可能需要重新设计。

数据库再设计的必要性，既体现在修正由于初始的数据库设计期间所犯的错误，又体现在使数据库适应在系统需求方面的修改。信息系统和使用它们的组织机构之间彼此相互影响，信息系统在影响着组织机构的同时也受到组织机构的影响。实际上，两者的联系要比这种相互影响更强有力得多。信息系统和组织机构不仅相互影响，还相互创建。一旦安装了新的信息系统，用户就能按照新的行为方式来表现。每当用户按照这些新的行为方式运转时，将会希望改变信息系统，以便提供更新的行为方式。等到这些变更制订出来后，用户又会对信息系统提出更多的变更请求，如此反复循环。这种循环过程意味着对于信息系统的变更并非是出于实现不良的悲惨后果，这是信息系统使用的必然结果。

因此，信息系统无法离开对于变更的需要，变更不能也不应当通过需求定义好一些、初始设计好一些、实现好一些或者别的什么"好一些"来消除。与此相反，变更乃是信息系统使用的一部分和外包装。在数据库处理的语义环境中，这意味着需要知道如何实施数据库再设计。

二、检查函数依赖型的 SQL 语句

当数据库中无数据时，进行再设计相对要容易得多。对于不得不修改的

包含有数据的数据库，或者当我们想要使得变更对现有数据存在的影响最小时，会遇到严重困难。在能够继续进行某种变更之前，需要知道一定的条件或者假定是否在数据中是有效的。在做数据库修改之前，还可能需要查找所有这样的非正常情况，并在纠正它们之后再向前推进。基于此，有两个 SQL 语句是特别有益的：子查询和它们的"表亲"EXISTS 与 NOT EXISTS。相关子查询和 EXISTS 与 NOT EXISTS 是重要的 SQL 语句，它们能用来回答高级查询，而在数据库再设计期间，它们能用来确定指定的数据条件是否成立。例如，它们能用来确定在数据中是否可能存在函数依赖性。

（一）相关子查询

相关子查询（correlated subquery）能够在数据库再设计期间有效地利用。其中有一项应用是证实函数依赖性。相关子查询呈现出类似于常规子查询的欺骗性。区别在于常规子查询是自底向上处理的。在常规子查询中，能从最低层的查询确定结果，并用它来评价上层的查询。与此相反，在相关子查询中，处理是嵌套的，即利用从上层的查询语句得到的一行与在低层查询中得到的若干行相比较。相关子查询的关键性差异是低层的选择语句使用了高层语句的若干列。

（二）EXISTS 和 NOT EXISTS

EXISTS 和 NOT EXISTS 是相关子查询的另一种形式。有了它们，高层查询所产生的结果可以依赖于底层的查询中的若干行的存在或者不存在。如果在子查询中能遇到任何满足指定条件的行，那么 EXISTS 条件为真；仅当子查询的所有行都不满足指定的条件时，NOT EXISTS 条件才为真。NOT EXISTS 对于涉及包含必须对所有行为真的条件的查询场合，是很有用处的，比如"购买过所有产品的客户"。

三、对现有数据库进行分析

在进行数据库再设计前，需要考虑用什么来转换主键？除了把新的数据追加到正确的行外，还需要用其他什么办法？显然，如果旧主键曾经被用做外键，那么所有的外键也需要修改。这样就需要知道在其中使用试旧主键的所有联系。但是，视图怎么样？是否每个视图仍使用旧主键？如果是这样，它们就都需要修改。触发器以及存储过程怎么样？它们全都使用旧主键吗？同时，也不能忘记任何现有的应用程序代码，一旦移去旧主键，它们有可能崩溃。

关于数据库处理，有三条原则是必须遵守的。首先，在试图对一个数据库修改任何结构之前，必须清楚地理解该数据库的当前结构和内容，必须知道哪些依赖于哪些。其次，在对一个运作数据库做出任何实际的结构性修改之前，必须在拥有所有重要的测试数据案例的（相当规模的）测试数据库上测试那些修改。最后，只要有可能，就需要在做出任何结构性修改之前先创建一份该运作数据库的完整副本。

（一）逆向工程

逆向工程，就是读取一个数据库模式并从该模式产生出数据模型的过程。逆向工程可用来创建现有数据库的数据模型，以便在继续进行修改前能更好地理解数据库的结构。逆向工程所产生的数据模型称为逆向工程（RE）数据模型，它既不是一个概念性模式，也不是一个内部模式，而是兼有两者的特征。大多数的数据建模工具都能执行逆向工程。RE 数据模型几乎总是包含有错误的信息。群的模型必须仔细地加以审视。

可以使用 Microsoft Visio 2007 生成 RE 数据库设计。由于 Visio 的局限性，所以这是一个物理数据库设计而不是一个逻辑数据模型。在这使用 Microsoft Visio 是因为它的通用性，这意味着必须使用 Visio 的非标准数据库模型。虽然 Visio 只能进行数据库设计，不能做数据建模，但是其他的一些设计软件，如 CA 公司的 ERwin，可以从逻辑上（数据建模）和物理上（数据库设计）构建数据库结构。除若干表和视图之外，有些数据模型还将从该数据库里捕捉到约束条件、触发器和存储过程。对于这些结构并没有加以解释，而是把它们的正文导入到此数据模型中。在某些产品里，还能获得正文与引用它们的项目的联系。

（二）依赖性图

术语"图"（graph）是来自于图论的数学论题。依赖性图并不是像条形图那样显示，而是包含着节点和连接节点的弧（或线）的一种图形。依赖性图能够揭示出（数据库结构中间）依赖性的复杂程度。由于必须知道依赖性，所以许多数据库的再设计项目都是从制作依赖性图（dependency graph）开始的。

（三）数据库备份和测试数据库

由于再设计期间可能对数据库造成潜在的破坏，在做出任何结构性修改之前，应当先创建一份该运作数据库的完整备份。在再设计过程中使用的数据库模式至少应有三份副本。第一份是能用于初始测试的小型测试数据库。

第二份是较大的测试数据库，甚至可能是包含整个运作数据库的满副本，它用于第二阶段的测试。第三份是运作数据库本身，有时是若干个大型测试数据库。

此外，还必须创建一种工具，能在测试过程期间将所有测试数据库恢复到原来的状态。利用这种手段，在需要时，测试就能够从同样的起点再次运行。根据具体的 DBMS，在测试运行之后，可以采用备份和恢复或者其他手段来复原该数据库。对于有庞大的数据库的组织机构来说，直接将运作数据库的副本作为测试数据库是不可能的。相反地，需要创建较小的测试数据库，但是那些测试数据库必须具有其运作数据库的所有重要的数据特征，否则将不能提供真实的测试环境。

四、修改表名和表列

修改表名和表列，即变更若干表名字和表的多个列。

（一）修改表名

SQL 中没有修改表名字的命令，需要采用新的名字来重新创建表，并清除旧表。首先需要创建包含所有相关结构的新表，等到新表工作正常再清除旧表。倘若改名的表太大无法复制，就不得不使用其他的策略。

修改表名字是一件复杂的事情，有些组织机构采取绝不允许任何应用系统或用户使用表的真名措施，而是实现定义视图作为表的别名。这样，每当需要修改其数据来源表的名字时，只需要修改定义着别名的视图就可以了。

（二）追加与清除列

把 NULL 列追加到表里是比较简单的。如果有其他诸如 DEFAULT 或 UNIQUE 之类的列约束条件，可以将它们包括在列定义里。倘若包括 DE-FAULT 约束条件，就需要将其默认值运用到所有新行上，但是目前现有的行仍然还是可空值的。

为了追加新的 NOT NULL 列，首先将其作为 NULL 列追加。然后，使用更新语句来显示在所有行中给列赋予某个值。在这之后，执行如下的 SQL 语句就把创建列的 NULL 约束条件修改成为 NOT NULL。注意，如果所创建列尚未在所有行中给过值，这个语句必然会失败。

清除非关键字的列是很容易的。要想清除某个外键列，必须首先清除定义该外键的约束条件。这样的一种修改相当于清除一种联系。

要想清除主键，首先需要清除该主键的约束条件。为此必须首先清除使用该主键的所有外键。

（三）修改列的数据类型或约束条件

如要修改列的数据类型或约束条件，只要利用 ALTER TABLE ALTER COLUMN 命令简单地重新定义就可以了。倘若要将列从 NULL 修改成 NOT NULL，那么为了保证修改取得成功，在所有行的被修改的列上必须拥有某个值。

某些类型的数据修改可能会造成数据丢失。例如，修改 char（50）为日期将造成任何文本域的丢失，因为 DBMS 不能把它成功地铸造成一个日期。或者 DBMS 可能干脆拒绝执行列修改。其结果取决于所使用的具体 DBMS 产品。

一般来说，将数字修改为 char 或 varchar 将会取得成功。修改日期或 Money 或其他较具体的数据类型为 char 或 varchar 通常也会取得成功。但反过来修改 char 或 varchar 成为日期、Money 或数字，则要冒一定的风险，它有时是可以的，有时则不然。

（四）追加和清除约束条件

约束条件能够通过 ALTER TABLE ADD CONSTRAINT 和 ALTER TABLE DROP CONSTRAINT 语句进行追加和清除。

五、修改联系基数和属性

修改基数是数据库再设计的一项常见任务。例如，需要修改最小的基数从 0 到 1 或者是从 1 到 0；或者把最大基数从 1∶1 修改为 1∶N，或者从 1∶N 修改为 N∶M；或者减少最大基数，从 N∶M 修改为 1∶N，或者从 1∶N 修改为 1∶1（该修改只能通过数据的丢失来实现，这里不再进行阐述）。

（一）修改最小基数

修改最小基数的操作，依赖于是在联系的双亲侧还是子女侧上修改。

1. 修改双亲侧的最小基数

如果修改落在双亲一侧，意味着子女将要求或者不要求拥有一个双亲，于是，修改的问题归结为是否允许代表联系的外键为 NULL 值。如果将某个最小基数从 0 修改为 1，那么应当处于 NULL 状态的外键，必须修改成 NOT NULL。修改某个列为 NOT NULL，仅当该表的所有行都具有某种值的情况下才可能实施。在某个外键的情况下，这意味着每条记录必须都已经联系。

不然，就必须修改所有的记录，使得在外键为 NOT NULL 之前，每条记录都有一个联系。

根据所使用的 DBMS，有些定义联系的外键约束条件，在修改外键之前或许已不得不清除了。这时就需要重新再追加外键约束条件。此外，在修改最小基数从 0 到 1 时，还需要规定对于更新和删除上的级联行为。

修改最小基数从 1 到 0 很简单。只要将其从 NOT NULL 改为 NULL。有必要的话，可能还需要修改在更新和删除上的级联行为。

2. 修改子女侧的最小基数

在某个联系的子女侧强制修改非零最小基数的唯一方式，是编写一个触发器来强制此约束条件。因此，修改最小基数从 0 到 1，必须编写相应的触发器。对于修改最小基数从 1 到 0，只需要清除强制执行该约束的触发器就可以了。

假定需要有子女的约束条件是通过触发器强制的。倘若需要有子女的约束条件才能通过应用程序来强制，那么对于这些应用程序的强制也必须加以修改。这也是赞成在触发器中而并非在应用代码中强制这样的约束条件的另一个原因。

（二）修改最大基数

当基数从 1∶1 增加到 1∶N 或者从 1∶N 增加到 N∶M 时，唯一的困难是保存现有的联系。这是能够做到的，但它需要一点专门处理。当减少基数时，联系数据将会丢失。在这种场合下，必须确立一项方针策略以决定丢失哪些联系。

（1）将 1∶1 联系修改成 1∶N 联系。对于 1∶1 联系，外键能放置在随便哪个表中。无论它被放置于何处，必须定义为唯一用来强制 1∶1 基数。

（2）将 1∶N 联系修改成 N∶M 联系。将 1∶N 联系修改成 N∶M 联系是很容易的，至少数据修改是非常容易的。处理在视图、触发器、存储过程和应用代码方面数据修改的结果将要困难一些。所有这些将需要重新写入跨越某个新交表的联接中。所有表单和报告也需要修改，以便描绘某一交易的多重客户。这意味着将文本编辑框修改成栅格。所有这些工作都很耗时，因而代价昂贵。只要创建新的交表并用数据填满它，再清除旧的外键列即可。

（3）减小基数（伴随着数据丢失）。减小基数的结构修改是很容易实现的。为了把 N∶M 联系减成为 1∶N，只要在子女的联系上创建一个新的外键，并且用交表数据填满它；为了把 1∶N 联系减成为 1∶1，只要让 1∶N 联系的外键的值为唯一的，然后在外键上定义某个唯一的约束条件。无论哪一种情况，最困难的问题是确定会丢失哪类数据。

　　首先考虑减少 N∶M 到 1∶N 的情况。由于是代理键，更新不需要级联，而删除是不应该级联的。需要修改所有的视图、触发器、存储过程和应用代码，以便适应新的 1∶N 联系。接着，清除在列上定义的约束条件，最后，清除表。要把 1∶N 修改成为 1∶1 联系，只需要去除所有联系的外键上完全相同的值，然后对外键追加某阶唯一的约束条件。

六、追加、删除表及其联系

　　追加新的表及其联系，只需要使用带有 FOREIGN KEY 约束条件的 CREATE TABLE 语句即可。倘若某个现有的表与新表有子女联系，那么就使用现有的表来追加 FOREIGN KEY 约束条件。

　　删除联系和表只不过是清除外键的约束条件，然后清除表的问题。在实施这些之前，必须先建立依赖性图，并用它来确定哪些视图、存储过程、触发器和应用程序将会受到该删除的影响。

七、正向工程

　　可以使用许多种的数据建模产品，根据需要对数据库做出修改。为此，首先对该数据库实施逆向工程，并修改得到的 RE 数据模型，然后调用数据建模工具的正向工程功能。

　　正向工程过程的细节是非常依赖于具体产品的，且它隐藏了需要学习的 SQL。由于正确地修改数据模型极其重要，许多专业人员对于利用一个自动的过程来实现数据库再设计是抱有疑虑的。当然，在对运作数据使用正向工程之前，有必要彻底地测试一下所得到的结果。有些产品在对数据库修改之前还会显示为了评估而需要执行的 SQL。

第三节　云计算环境下可搜索加密数据库系统的设计与实现

一、系统设计

可搜索数据库加密系统——SSDB（Searchableand Secure Database），针对传统的数据库加密方式不能兼顾数据安全性和可操作性的问题，主要面向关系数据库，支持在密文上直接执行 SQL 语句。下面将介绍系统的详细设计。

（一）体系结构

SSDB 将数据库服务器端视为不可信端。用户输入 SQL 语句，系统将其中涉密的明文数据加密成为密文后，存储在服务器端。执行 SQL 语句时，由该系统对语句进行改写，隐藏列名并对其中的明文进行加密，同时对数据库中的加密模型动态调整，使改写后的语句能够直接在密文上执行。服务器端返回密文结果，由该系统对结果集解密。系统体系结构如图 4-1 所示。

该系统由 5 个核心模块组成：元数据管理模块、密钥管理模块、加解密模块、SQL 语句重写模块和数据库连接模块。在数据库服务器端设置有元数据表，这是为了配合密钥管理模块对静态密钥进行管理，而存储用户数据库的数据库表中则设计有三种不同的加密模型，这些模型是该系统支持快速密文查询及运算的关键部分，接下来将分别进行详细介绍。

（二）加密模型

CryptDB 利用"洋葱"加密模型将多种部分同态的加密算法组合，创新性地构建了可搜索的加密方案，回避了全同态方案效率低的问题，支持多种关系数据库中的运算，使直接在密文数据上完成运算成为可能。基于同样的目的，SSDB 中设计了新的加密模型，如图 4-2 所示，分别为等值加密模型，保序加密模型，同态加密模型。对于数值型数据，采用三种加密模型分别加密，而对于字符型数据，则仅使用等值加密模型加密。与 CryptDB 不同，SS-DB 的加密模型采用"扁平"式的加密方案，加密层限定在两层之内，这样做可以更加灵活地变换加密的层级，从而更快地响应密文运算。此外，选择了效率更高的加密算法，并进行改进，使其能够达到保护隐私数据的要求。

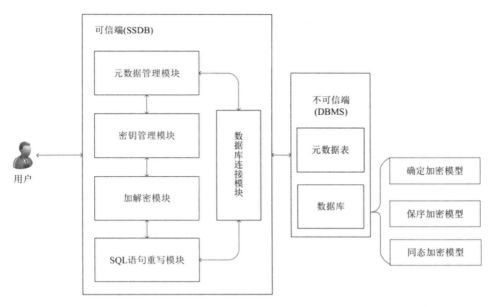

图 4 - 1　SSDB 体系结构图

图 4 - 2　SSDB 中的加密模型

（三）数据库设计

数据经过 AES 算法加密后的密文是二进制，不利于传输和存储，因此我们使用 BASE64 编码，将二进制数据转换为字符型数据。

在数据进行加密后，数据的格式也会发生变化，如 int 型的明文，其确定加密模型对应的列的数据类型为 text 型。这部分明文信息需要保存下来，因此我们设计了元数据表来保存这些信息，表 4 - 8 是元数据表的结构示例图。

表 4 - 8　元数据表结构示例图

表名	列名	列中明文类型	保序加密密钥	同态加密密钥
T1	C1	INT		
T1	C2	DOUBLE		
T1	C3	CHAR	NULL	NULL

T1 表由三列组成，分别为 C1、C2、C3，这些列名都是没有经过处理的明文下的列名，存储的明文类型分别为 INT、DOUBLE、CHAR。对于数值型数据，元数据表存储了保序加密密钥和同态加密密钥；对于字符型数据，这两列则设置为 NULL。

（四）核心功能模块

1. SQL 语句改写模块

该模块对用户提交的 SQL 语句进行解析，分析查询类型，包括 Create、Select、Insert、Update、Delete，交给不同的解析函数处理，解析函数会对语句中包含的明文数据进行加密，并且对列名进行修改，通过一个例子说明：

输入：select name from student where id = 1;

输出：select name _ DET from student where id _ DET = 'Edaf/ - dfgk = =';

说明：解析函数调用加解密模块对明文数字 1 进行加密，并且将列名 id 改写为 id _ DET，代表在密文上将使用 DET 加密的列，select…from 部分的列名也将被改写。

输入：select sum（grade）fromgrade;

输出：selectsum（grade _ HOM1），sum（grade _ HOM2），sum（grade _ HOM3），sum（grade _ HOM4），sum（grade _ HOM5）fromgrade;

说明：对于 sum 函数以及 avg 函数，我们需要使用 HOM 列，其中包括 5 列密文分片，需要分别从各个分片中得到部分结果，因此需要将一列扩展为 5 列。

2. 密钥管理模块

由于算法的差异性，需要针对不同的算法采用不同的管理方案。

（1）对于等值加密模型，使用的是 AES 算法的 ECB 模式，其密钥产生策略为

$K_{mk,c,t}$ = KeyGen（Master mk，Column c）

其中master key是用户的主密钥，c是列名，采用一列一密的方式。当需要使用等值加密模型进行加解密时，密钥管理模块通过主密钥和列名动态生成一个工作密钥，提供给加密算法，这样的做法有两点好处：一是不需要保存密钥，而是密钥与列名有关，可以在不变换密钥的前提下进行等值连接。

（2）对于保序加密模型，根据使用的算法，其密钥是三个秘密参数：a，b，sens。在创建表时由元数据表调用密钥管理模块产生该密钥，该密钥是一列一密的，并且无法动态生成，所以需要保存在元数据表中。

（3）对于同态模型，密钥由多个实数元组构成，这些元组在创建表时生成并存储在元数据表中。对于保序加密模型和同态加密模型，密钥均存储在数据库服务器中的元数据表中，为了保护密钥不被窃取，元数据表会在这些密钥加密后存储。在加密和解密之前，SSDB会从元数据表中获取这些密钥。

密钥管理器的任务有两个：一是为等值加密模型动态产生工作密钥，二是为保序加密模型和同态加密模型产生密钥。

3. 元数据管理模块

在创建表时，我们同样需要改写语句，将明文的字段类型改为密文字段类型。例如，我们创建int类型的id字段，为了能够保存id的密文，我们需要将等值模型对应的列属性改为text类型。这有利于隐藏明文的属性信息，但是当我们需要明文属性信息的时候，密文数据表就无法提供，因此，我们需要创建一个元数据表，并且将明文的属性信息作为数据存放在元数据表中。此外，对于保序加密和同态加密模型的密钥，也需要存放在元数据表中。元数据管理器的作用就是对这些数据提供存储与获取的功能。

4. 加解密模块

这个模块负责以下两项内容。

（1）将用户提交的明文数据加密，加密模块中有三种加密模型中所包含的算法，工作时会与其它模块协作。SQL语句改写模块会将数据库操作语句中的涉密的明文值提取出来并作为输入传递给加密模块，加密模块根据明文值在数据库中对应的列、记录位置以及当前语句中的操作来判断需要使用的加密模型。若此过程中需要生成工作密钥，则调用密钥管理模块，若需要获取已有密钥，则调用元数据管理模块从数据库中读取密钥。加密完成后，模块将密文值返回给SQL语句改写模块。

（2）从数据库返回的查询结果为密文，需要交由该模块解密。解密过程需要从元数据表中获取关于密文结果所在表的元数据信息，包括数据类型、密钥和明文的列名。解密函数将这些元数据连同待解密的密文作为输入，根据加密模型选择相应的解密函数。

（五）系统业务流程

系统各个功能模块之间协同工作，完成从用户输入到解密返回结果等一系列的步骤。不同类型的数据库操作语句，系统的处理方式也不相同，下面将根据具体的数据库操作语句介绍系统的业务流程。

为了能够在密文上执行常规的 SQL 语句，不同的操作类型按照不同的操作步骤，下面从创建表、插入、查询、更新、删除 5 个部分分别说明，并通过一个具体的例子来说明可搜索加密方法：数据库中有一份学生信息的表，表名为 student，其中的列有 id（学生编号，数值型），name（姓名，字符型），age（年龄，数值型），sex（性别，字符型）。

1. 创建表（Create Table）

步骤一：对 create 语句进行解析，获取表的名字、所有列的名字以及对应的数据类型，并且调用密钥管理模块生成保序、同态加密模型的密钥，对以上数据使用主密钥加密，并构造一条 insert 语句将以上数据插入到服务器端的元数据库中。

步骤二：在步骤一的基础上，对新表中的所有的列进行处理。如果列的数据类型为数值型（int、float、double），则该列需要使用等值、保序、同态加密模型，在数据库中必须有三列来分别存储这个模型下的密文，因此，需要将该列扩展为三列。为了区分，列的名字中包含 DET 代表是等值加密模型对应的列；列的名字中包含 OPE 代表是保序加密模型对应的列；列的名字中包含 HOM 代表是同态加密模型对应的列。相应的数据类型改写为：text、double、double。如果列的数据类型是字符型（char、varchar、text），则只需要使用等值加密模型，所以只需要改写为一列，列名中包含 DET，并且数据类型改写为 text。

如图 4 - 3 所示为系统对 Create 语句的处理流程图示例，首先使用 create table 语句在数据库中新建一个 student 表。

用户的输入语句为：

Create table mytable (mycolumn _ 1 数值型，mycolumn _ 2 字符型)；

A1：对用户输入的 create 语句进行解析，获取到表的名字为 mytable，所有列的名字为 mycolumn _ 1 和 mycolumn _ 2，列对应的数据类型为数值型和字符型，并将获取到的这些信息作为数据存入数据库中。

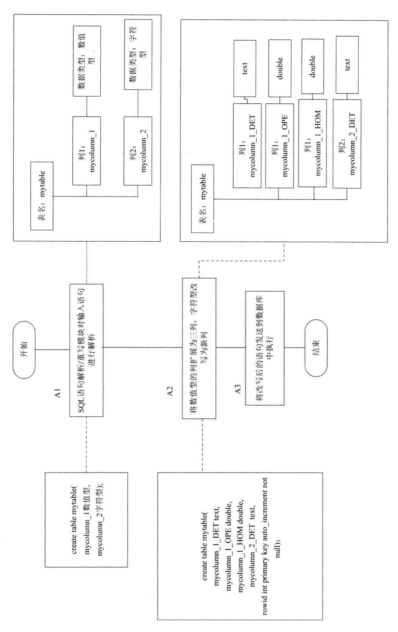

图 4 - 3 Create 语句执行流程图

A2：将数值型的列 mycohmn _ 1 扩展为三列，分别使用等值、保序、同态加密模型进行加密，相应的列名为 mycolumn _ 1 _ DET、mycolumn _ 1 _ OPE、mycolumn _ 1 _ HOMmycolumn _ 1 _ HOM，并将等值加密模型中的数据类型设置为 text，保序加密模型、同态加密模型中的数据类型设置为 double。将字符型的列 mycolumn _ 2 使用等值加密模型进行加密，相应的列名为 mycolumn _ 2 _ DET，并将数据类型改写为 text。增加一列行标识符作为主键。

改写后的语句为：

Create table my table（mycolumn _ 1 _ DET text，mycolumn _ 1 _ OPE double，mycolumn _ 1 _ HOM double，mycolumn _ 2 _ DET text，rowed int primary key auto _ increment not null）

2. 插入数据（Insert）

步骤一：首先对语句进行解析，获取到要插入数据的表和列的名字，通过表名，向元数据表中查询数据，将该表名下的所有信息全部获取到客户端并解密。

步骤二：通过解析到的列名，从元数据中查询到该列的数据类型，如果是数值类型，意味着该列需要使用等值、保序、同态加密模型分别进行处理。从 values 中解析出要插入该列的具体数据，对该数据分别使用确定、保序和同态加密策略进行加密，保序和同态加密策略的密钥从元数据中获取即可，而确定加密策略的密钥由密钥管理模块生成。如果元数据中该列的数据类型是字符类型（char、varchar、text），则只需要使用确定加密策略进行加密，同样需要密钥管理模块生成密钥，对 values 中对应的数据进行加密。这个步骤结束后将得到一个仅含有密文的插入语句，将该语句交由数据库执行。

步骤三：步骤二完成后，数据库中已经插入了对应的密文数据，但是这个时候的等值加密模型中的数据只使用了确定加密策略进行加密，所有只是单层加密，还需要使用随机加密策略进行二次加密，这个加密的过程由服务器执行。在客户端编写一条 update 语句，该语句中包含有数据库中的 aes 加密函数，对等值加密模型中的数据进行二次加密。

如图 4 - 4 所示，系统对 Insert 语句的处理流程示例，现在向 student 表中插入一行数据：

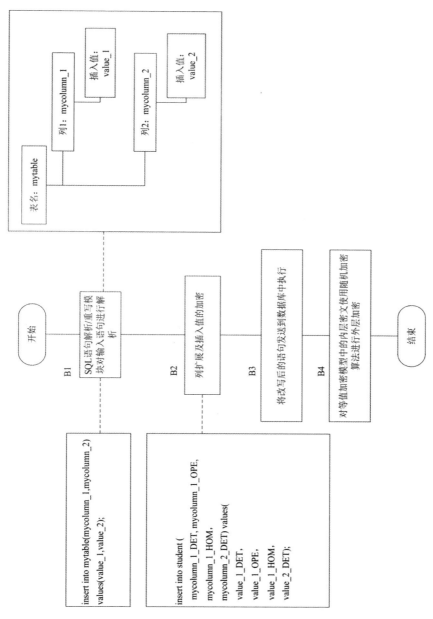

图 4 - 4 Insert 语句执行流程图

用户输入的语句为：

Insert into mytable（mycolumn _ 1，mycolumn _ 2）values（value _ 1，value _ 2）；

B1：对接收的 insert 语句进行解析，获取表的名字 student，列的名字为：

mycolumn _ 1，mycolumn _ 2，列对应的插入数据（value _ 1，value _ 2′），根据表名在数据库中查询所有列的数据类型，mycolumn _ 1 为数值型，mycohmn _ 2 为字符型；

B2：mycohmn _ 1 列的数据类型是数值型，对应的插入数据是 value _ 1，分别使用确定加密算法、保序加密算法和同态加密算法对该插入数据进行加密，加密后的数据为 value _ 1 _ DET、value _ 1 _ OPE、value _ 1 _ HOM，并将列名改写为 mycolumn _ 1 _ DET、mycolumn _ 1 _ OPE、mycolumn _ 1 _ HOM，每一个列名都对应了数据库中单独的一个列存储空间。mycolumn _ 2 列是字符型，对应的插入数据是 value _ 2，仅使用确定加密算法对其插入数据进行加密，加密后的数据为 value _ 2 _ DET，并将列名改写为 mycolumn _ 2 _ DET。

B3：对等值加密模型中的内层密文（value _ 1 _ DET、value _ 2 _ DET）使用随机加密算法进行外层加密，形成两层加密结构，其密钥根据用户的主密钥、列名和行标识符生成，每一行的行标识符唯一。

SSDB 改写结果：

Insert into student（mycolumn _ 1 _ DET，

mycolumn _ 1 _ OPE，

mycolumn _ 1 _ HOM，

mycolumn _ 2 _ DET）

values（value _ 1 _ DET，

value _ 1 _ OPE，

value _ 1 _ HOM，

value _ 2 _ DET）；

3. 选择查询（select）

步骤一：首先从用户的输入的语句中获取查询的表名，从元数据表中获取相应的元数据信息，包括表名、所有列名及对应的数据类型、保序加密模型密钥和同态加密模型的密钥，对这些数据进行解密暂存在客户端。

步骤二：数据库中的等值加密模型处于两层加密的 RND 层时，无法完成任何操作，因此在查询之前需要对该模型的 RND 层进行解密。方法是向数据库中发送一条 update 语句，其中包含解密函数。这个步骤的结果是所有的等值加密模型对应的列下的密文支持等值查询。

步骤三：将查询所包含的谓词分为三类：一是等值匹配，如 a＝b，groupby；二是范围查询，如 a＞b，orderby；三是集合操作，如 SUM、AVG 函数。这一步需要将语句中的谓词表达式解析出来，这样我们分为三种情况。

· 等值匹配：列名＝（一个常量）。这个谓词下，需要在等值加密模型对应的列中进行搜索，因此要将列名改写为等值加密模型对应的列名，如 column _ DET。同时，常量需要使用确定加密策略进行加密，所用的密钥与表达式左边的列中的密钥相同。使用这个密文在数据库中的等值加密模型中进行搜索，密文相等代表明文相等。

· 范围查询：列名 ［＜　＞　≤　≥］ 常量。这个谓词下，需要在保序加密模型中进行搜索，因此要将列名改写为保序加密模型对应的列名，如 column _ OPE。同时，表达式右边的常量使用保序加密策略进行加密，其密钥与表达式左边的列中的密钥相同，这个密钥从元数据中获取。使用这个密文在保序加密模型中进行搜索时，密文的大小关系对应了明文的大小关系。

· 集合操作：SUM（列名）、AVG（列名）函数。这个谓词下，需要在同态加密模型中进行操作，只需要将列名改写为同态加密模型对应的列名即可，如 column _ HOM。在同态加密模型进行操作时，直接在密文上执行 SUM 和 AVG，得到的结果解密后对应于明文的计算结果。

步骤四：在步骤二和步骤三完成后，数据库中的等值加密模型处于单个 DET 层的状态，需要对其重新进行 RND 加密，恢复到两层加密的状态，以保证安全性。具体做法是向数据库发送一条 update 语句，其中包含了 RND 层的加密函数和密钥。

如图 4－5 所示为系统对 select 语句的处理流程图示例。

用户输入：select mycolumn 或者 SUM（mycolumn）、AVG（mycolumn）from mytable where 条件谓词 P；

C1：对接收的 select 语句进行解析，获取表的名字为 mytable，查询内容是列 mycolumn 或者聚集函数 sum（mycohmn）、avg（mycohmn），条件谓词，根据表名在数据库中查询所有列的数据类型及加密列的密钥。

C2：将数据库中的所有等值加密模型的外层（随机加密层）密文解密，其密钥根据用户的主密钥、列名和行标识符生成，每一行的行标识符唯一。

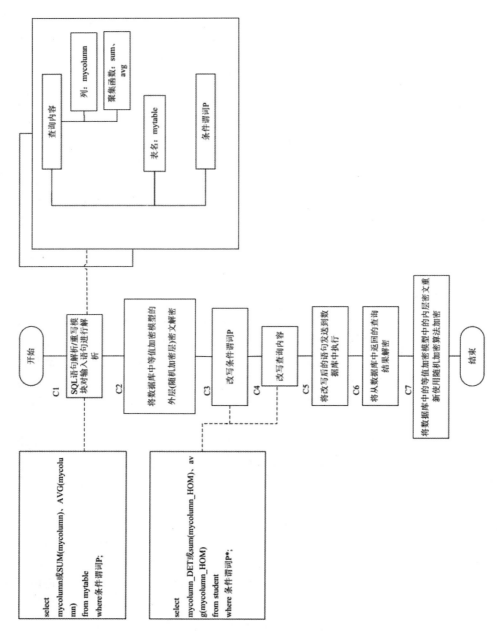

图 4 - 5　Select 语句执行流程图

C3：将解析到的条件谓词 P 分为等值匹配和范围查询两类，改写为新的条件谓词 P ＊。等值匹配表达式：列名＝（常量），将列名改写为等值加密模型对应的列名，如 column ＿ DET。并将常量使用确定加密算法进行加密，其密钥与表达式左边的列中的确定加密算法的密钥相同。

范围查询表达式：列名［＜ ＞ ≤ ≥］常量，将列名改写为保序加密模型对应的列名，如 column ＿ OPE。并将表达式右边的常量使用保序加密算法进行加密，其密钥与表达式左边的列中的保序加密算法的密钥相同。

C4：若查询内容是某个列 mycolumn，将该列名改写为 mycolumn ＿ DET；若查询内容是聚集函数 sum（mycolumn）或 avg（mycolumn），将其中的列名改写为 mycolumn ＿ HOM。

C5：将数据库中的所有等值加密模型中的内层密文重新使用随机加密算法加密，其密钥根据用户的主密钥、列名和行标识符生成，每一行的行标识符唯一。

语句改写结果：

select mycolumn ＿ DET 或者 sum（mycolumn ＿ HOM）、avg（mycolumn ＿ HOM）from student where 条件谓词 P ＊；

4. 更新操作（update）

步骤一：获取元数据，与选择查询的步骤一相同。

步骤二：对两层的等值加密模型中的外部 RND 层进行解密，做法与选择查询的步骤二相同。

步骤三：update 的作用是将数据库中的指定字段中的数据更新为另一个值。其大致形式为："update 表名 set 列名＝常量 where 条件表达式"。SSDB 会将其中的列名、常量、条件谓词提取出来，分别处理。其中条件谓词的处理方式与选择查询的步骤三相同。对于"列名＝常量"的处理过程与插入语句的步骤二类似。首先判断列名所对应的数据类型，如果是数值类型，则将该部分改写为三个"列名 ＿ DET＝DET（常量）"，代表将列名改写为等值加密模型下的列名，并将常量使用确定加密策略加密，其密钥与左边列的密钥相同；"列名 ＿ OPE＝OPE（常量）""列名 ＿ HOM＝HOM（常量）"。如果列是字符型，则只需按照"列名 ＿ DET＝DET（常量）"的形式进行改写即可。全部改写完成后，将语句交由数据库执行。

步骤四：将等值加密模型恢复到两层加密的状态。使用的方法与选择查询的步骤四相同。

如图 4 - 6 所示为系统对 update 语句的处理流程图示例。

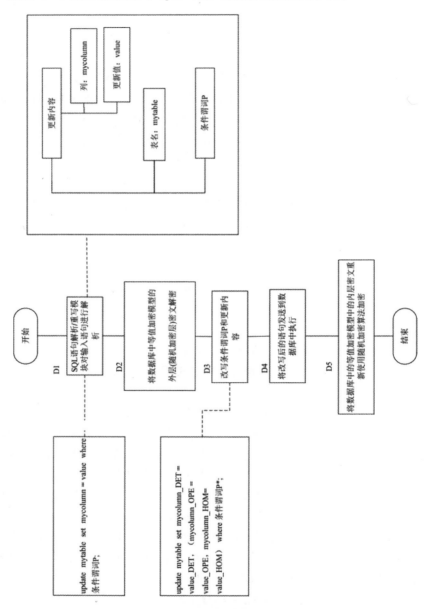

图 4 - 6　Update 语句执行流程图

用户输入：updatemytablesetmycolumn = valuewhere 条件谓词 P；

D1：对接收的 update 语句进行解析，获取表的名字为 mytable，列的名字为 mycolumm 更新值为 value 和条件谓词 P，根据表名在数据库中查询所有列的数据类型及加密列的密钥。

D2）将数据库中的所有等值加密模型的外层（随机加密层）密文解密，其密钥根据用户的主密钥、列名和行标识符生成，每一行的行标识符唯一。

D3：set 子句中的表达式 mycolumn＝value，若列 mycolumn 对应的数据类型是数值类型，将扩展的三列分别进行如下更新。

将 mycolumn 改为写等值加密模型下的列名：mycolumn ＿ DET，并将 value 使用确定加密算法加密为 value ＿ DET，加密密钥与左边列的确定加密算法的密钥相同。

将 mycolumn 改为保序加密模型下的列名：mycohmn ＿ OPE，并将 value 使用保序加密算法加密成 value ＿ OPE，加密密钥与左边列的确定加密算法的密钥相同。

将 mycolumn 改为写同态加密模型下的列名：mycolumn ＿ HOM，并将 value 使用同态加密算法加密为 value ＿ HOM，加密密钥与左边列的确定加密算法的密钥相同。

若列对应的数据类型是字符型，仅将 mycolumn 改写为等值加密模型下的列名 mycolumn ＿ DET，并将 value 使用确定加密算法加密为 value ＿ DET，其密钥与左边列的确定加密算法的密钥相同。如果存在 where 子句，则将解析到的谓词分为等值匹配和范围查询两类分别处理，形成新的条件谓词 P＊。

D4）将数据库中的所有等值加密模型的内层重新使用随机加密算法加密，其密钥根据用户的主密钥、列名和行标识符生成，每一行的行标识符唯一。

语句改写后的结果：

Update mytable set mycolumn ＿ DET = value ＿ DET，（mycolumn ＿ OPE = value ＿ OPE，mycolumn ＿ HOM = value ＿ HOM）　　where 条件谓词 P＊；

5．删除操作（delete）

步骤一：获取元数据，与选择查询的步骤一相同。

步骤二：删除语句的形式为："deletefrom 表名 where 条件表达式"。当语句中存在条件表达式时，则需要对两层的等值加密模型中的外部 RND 层进行解密，做法与选择查询的步骤二相同。如果没有表达式，则直接将语句发送到数据库中执行。

步骤三：存在条件表达式时，需要对条件表达式进行改写，过程与选择查询的步骤三相同。将改写后的语句发送到数据库中执行。

如图 4－7 所示为系统对 delete 语句处理流程图示例。

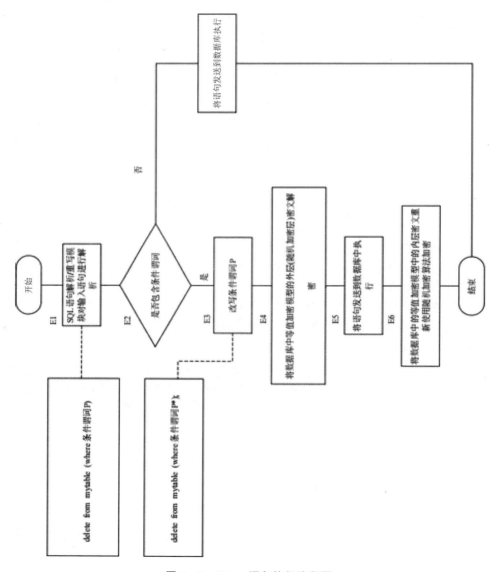

图 4－7　Delete 语句执行流程图

用户输入：deletefrommytable（where 条件谓词 P）；

E1：对接收的 delete 语句进行解析，获取表的名字为 mytable，条件谓词 P，根据表名在数据库中查询所有列的数据类型及加密列的密钥。

E2：若语句中存在条件谓词 P 时，首先将数据库中的所有等值加密模型的外层密文解密，其密钥根据用户的主密钥、列名和行标识符生成，每一行的行标识符唯一；然后将解析到的谓词分为等值匹配和范围查询两类分别处理，形成新的条件谓词 P＊；最后将等值加密模型中的内层密文加密，其密钥根据用户的主密钥、列名和行标识符生成，每一行的行标识符唯一。若没有表达式，则不做处理。

语句改写结果：

Delete from mytable（where 条件谓词 P＊）；

二、系统实现

（一）实现环境

1. 软件环境

系统使用 Java 语言实现，基于 JDK1.7，并使用了 Java 加密、编码库，见表 4 - 9 所示。

表 4 - 9　实现过程使用的 Java 类库

序号	Java 类库	描述
1	commons - codec - 1.10.jar	commons - codec 是 Apache 开源组织提供的用于摘要运算、编码的包，例如 DES、SHA1、MD5、Base64、URL、Soundx 等。在该包中主要分为四类加密：BinaryEncoders、DigestEncoders、LanguageEncoders、NetworkEncoders
2	commons - io - 2.4jar	Apache CommonsIO 是 Apache 开源的一个工具包，其封装了对 IO 的常见操作，使开发人员只需要少量的代码就能完成大量的 IO 操作
3	jep - java - 3.4 - trial.jar	JEP 是 Java expression parser 的简称，即 java 表达式分析器，Jep 是一个用来转换和计算数学表达式的 java 库
4	mysql - connector - java - 5.1.36 - binjar	Java 连接数据库的驱动程序，使用该包能够使 Java 程序灵活方便地操作数据库

序号	Java 类库	描述
5	poi－3.14－20160307.jar	Apache POI 是 Apache 软件基金会的开放源码函式库，POI 提供 API 给 Java 程序对 Microsoft Office 格式档案读和写的功能
6	jsqlparser0.9.4.jar	JSQLParser 是一款开源的 SQL 语句解析器，使用它可以把 SQL 语句解析成一组层次分明的 java 类

使用 EclipseNeon.2（4.6.2）作为开发工具，数据库为 MySQL5.7，操作系统为 Windows10。

2. 硬件环境

Intel 酷睿 i5 5200U，内存 8GBDDR3，硬盘 256G SSD 固态硬盘。

（二）JSQLParser 开源项目

JSQLParser 是一款基于 Java 开发的 SQL 语句解析器，将数据库操作语言——SQL 解析为 Java 类。解析器可以根据开发需要自由定制。JSQLParser 兼容多种流行的数据库，如 MySQL、Oracle、SqlServer 等。JSQLParser 基于 JavaCC，加入类的层次关系，根据 SQL 语句中不同成分的组织结构，分别生成不同的类，并且利用面向对象思想中的继承关系实现各个语句成分之间的耦合。

JSQLParser 整体框架基于设计模式中的访问者模式（Visitor Schema），理解访问者模式是利用 JSQLParser 进行开发的前提和关键，首先介绍访问者模式：

定义 4.1（访问者模式）将对数据结构中元素的操作和元素本身分开（解耦），将这些操作单独封装出来，可以在不改变数据结构的前提下定义作用于这些元素的操作。图 4-8 使用 UML 中的类图描述了访问者模式的一般框架。

通过类图可以总结出在访问者模式中主要包括下面 5 个角色。

（1）抽象访问者类：抽象类或者接口，声明访问者可以访问的元素类型。

（2）访问者类：实现抽象访问者所声明的方法，它定义了访问者对元素的具体操作。

（3）抽象元素类：接口或者抽象类，声明接受哪一类访问者访问，程序上是通过 accept 方法中的参数来定义的。

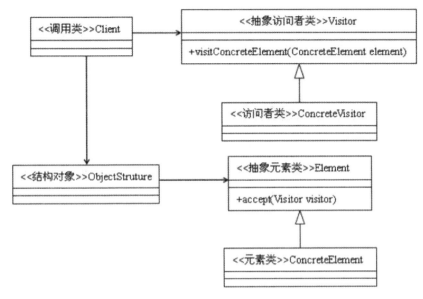

图 4-8　访问者模式的一般框架

（4）元素类：实现抽象元素类所声明的 accept 方法，通常都是 visi-tor. visit（this）。

（5）结构对象：一个元素的容器，一般包含一个容纳多个不同类、不同接口的容器，如列表（List）、集合（Set、Map）等。

接下来的核心代码中会进一步从实际开发的角度介绍 JSQLParser 以及访问者模式。

第五章

云计算环境下数据库优化研究

第一节　数据库查询功能优化

　　数据查询是数据库系统中的最基本、最常用和最复杂的数据操作，从实际应用的角度看，必须考察系统用于查询处理的开销代价。查询处理的代价通常取决于查询过程对磁盘的访问，磁盘访问速度相对于内存速度要慢很多。在数据库系统中，用户的查询通过相应的查询语句提交给 DBMS 执行。一般而言，相同的查询要求和结果存在着不同的实现策略，在执行这些查询策略时系统所付出的开销代价通常有很大差别，甚至可能会相差几个数量级。实际上，对于任何一个数据库系统来说，查询处理都是必须要面对的，如何从查询的多个实现策略中进行合理的选择，这种选择过程就是查询处理过程的优化，简称查询优化。查询优化作为数据库中的关键技术，对数据库的性能需求和实际应用有着重要的意义。

　　查询是数据库的最主要的功能；数据查询必然会有查询优化的问题；从对数据库的性能要求和使用技术的角度来看，在任何一种数据库中都要有相应的处理方法和途径。查询优化的基本途径可以分为用户手动处理和机器自动处理两种。

　　关系型数据库系统中，查询优化也是必须面对的挑战。关系数据理论基于集合论，集合及其相关理论构成了整个关系数据库领域中最重要的理论基础，这给关系数据查询优化处理在理论上提供了讨论的可行性；关系查询语言作为高级语言，具有较高层次的语义特性，为机器处理查询优化问题在实践上提供了可能性。

一、查询优化的必要性和可行性

一个好的查询计划往往可以使程序性能提高数十倍，查询计划是用户所提交的 SQL 语句的集合。DBMS 处理查询计划的过程是这样的：在做完查询语句的词法、语法、语义检查之后，将语句提交给 DBMS 的查询优化器，优化器做完代数优化和存取路径优化之后，由预编译模块对语句进行处理并生成查询规划，然后在合适的时间提交给系统处理执行，最后将执行结果返回给用户。由于对于关系代数等价的不同表达形式而言，其相应的查询效率有着"数量级"上的重大差异。这是一个非常重要的事实，它说明了查询优化的必要性，即合理选取查询表达式可以获取较高的查询效率，这也是查询优化的意义所在。

关系数据系统查询语句表示查询操作基于集合运算，一般称之为关系代数。关系代数具有 5 种基本运算，这些运算之间满足一定的运算定律，如结合律、交换律、分配率和串接率等，这就意味着不同的关系代数表达式可以得到同一结果，因此用关系代数语言进行查询需要进行必要的优化。

关系查询语句与普通语言相比有坚实的理论支撑，人们能够找到有效的算法，使查询优化的过程内含于 DBMS，由 DBMS 自动完成，从而将实际上的"过程性"向用户"屏蔽"，用户只需提出"干什么"，而不必指出"怎么干"，这样用户在编程时只需表示出所需要的结果，不必给出获得结果的操作步骤。从这种意义上讲，关系查询语言是一种高级语言，这给查询优化提供了可能性。

图 5-1 所示为关系型数据库中，查询处理过程通常包括的几个阶段。

每个查询都会有多种可供选择的执行策略和操作算法，查询优化就是选择一个高效的查询处理策略。DBMS 会调用系统的优化处理器制定一个执行策略，由此产生一个查询计划，其中包括了如何防伪数据库文件和如何存储中间结果等。

对于关系型数据库来说，查询优化过程是由 RDBMS 自动完成的，它与用户书写的查询语句无关。系统自动生成的若干候选查询计划并从中选取"好的"查询计划的程序称为查询优化器。查询优化器是关系数据库的巨大优势所在，它使用户不必考虑如何较好地表达查询以获得较高的效率，而且系统自动优化存取路径可以比用户的程序做得更好。

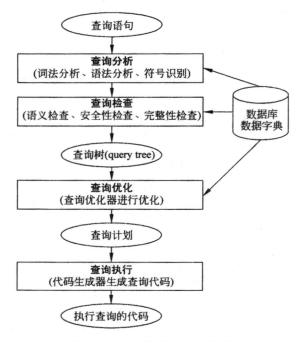

图 5-1 关系数据库查询处理

查询优化有多种方法。

（1）代数优化：指关系代数表达式的优化，即根据某些启发式规则，改变代数表达式中的次序和组合，使查询执行得更高效，例如"先选择、投影和后连接"等就可完成优化，所以也称为规则优化。

（2）物理优化：存取路径和底层操作算法的选择，可以是基于规则的、基于代价的，也可以是基于语义的。

实际优化过程中为了达到更好的优化效果往往都综合使用这些优化技术。

二、代数优化

对于关系数据库系统而言，由于它具有关系代数的基础，因此系统能够自动地根据有关的等价律对查询语句进行变换，从而获得最优的系统性能。

（一）代数优化的基本思想

代数优化的目的是减少查询语句的执行开销，其手段是对查询表达式进行等价变换。

如前所述，在查询语句中的一个查询表达式是由对关系的投影、选择、连接和并等运算组成的。对于投影和选择等一元运算，将从垂直方向和水平方向使关系的规模减小；而连接和并等二元运算将使得关系的规模增大。此外，在查询表达式中可能会有一些公共子表达式，这些相同的运算不应该重复去做。对于嵌套查询的执行，系统开销很大，应该尽量将其转换为非嵌套的查询。因此，在对查询表达式进行等价变换时应遵循以下一些原则。

（1）尽量使投影和选择运算先做，然后再做连接和并等运算。

（2）对于连接运算，尽量先做规模较小的关系之间的连接，然后再做规模较大的关系之间的连接。

（3）查找出查询表达式中的公共子表达式一次处理，避免重复运算。

（4）对于嵌套查询，尽可能地将其转换为非嵌套查询。

目前，许多DBMS已经能够由优化器自动地实现了上述一些要求。这种具有优化功能的DBMS的用户不一定是编程高手，他们不必担心如何最好地表达自己的查询要求，也无需考虑怎样去选择一个高效的执行策略，系统都能够自动地予以解决，从而使许多的普通用户从中受益。当然，这里所谓的"优化"，通常是指系统所选择的执行策略在某些场合确实是最优的，而在某些场合一般只是对原来没有优化的查询表达式的一个改进。

（二）关系代数表达式变换规则

常用的代数表达式的等价变换规则主要有以下几类，证明从略。

1. 连接、笛卡儿积的交换律

设 E_1 和 E_2 是关系代数表达式，F 是连接运算条件，则下列等价公式成立：

（1）笛卡儿积的交换律

$$E_1 \times E_2 = E_2 \times E_1$$

（2）自然连接的交换律

$$E_1 \bowtie E_2 = E_2 \bowtie E_1$$

（3）条件连接的交换律

$$E_1 \underset{F}{\bowtie} E_2 = E \underset{2}{\bowtie} \underset{F}{\bowtie} E_1$$

2. 连接、笛卡儿积的结合律

设 E_1、E_2 和 E_3 是关系代数表达式，F_1 和 F_2 是连接运算条件，则下列等价公式成立：

（1）笛卡儿积的结合律

$$(E_1 \times E_2) \times E_3 \equiv E_1 \times (E_2 \times E_3)$$

（2）自然连接的结合律

$$(E_1 \bowtie E_2) \bowtie E_3 \equiv E_1 \bowtie (E_2 \bowtie E_3)$$

（3）条件连接的结合律

$$(E_1 \underset{F}{\bowtie} E_2) \underset{F_2}{\bowtie} E_3 \equiv E_1 \underset{F}{\bowtie} (E_2 \underset{F_2}{\bowtie} E_3)$$

3. 选择运算串接定律

设 E 是一个关系代数表达式，F_1 和 F_2 是选择运算条件，则下列等价公式成立：

（1）选择运算顺序可交换定律

$$\sigma_{F_1}(\sigma_{F_2}(E)) \equiv \sigma_{F_2}(\sigma_{F_1}(E))$$

（2）合取条件分解定律

$$\sigma_{F_1}(\sigma_{F_2}(E)) \equiv \sigma_{F_2 \wedge F_1}(E)$$

4. 投影运算串接定律

设 E 是关系代数表达式，A_i（$i=1, 2, \cdots, n$），B_j（$j=1, 2, \cdots, m$）是 E 中的某些属性名，且 $\{A_1, A_2, \cdots, A_n\}$ 是 $\{B_1, B_2, \cdots, B_m\}$ 的子集，则下列等价公式成立：

$$\prod_{A_1, A_2, \cdots, A_n}(\prod_{B_1, B_2, \cdots, B_m}(E)) \equiv \prod_{A_1, A_2, \cdots, A_n}(E)$$

5. 选择与笛卡儿积的交换律

设 E_1、E_2 是关系代数表达式，如果 F 中涉及的属性都是 E 中的属性，则下列等价公式成立：

$$\sigma_{F_1}(\sigma_{F_2}(E)) \equiv \sigma_{F_2 \wedge F_1}(E)$$

如果 $F = F_1 \wedge F_2$，并且 F_1 只涉及 E_1 中的属性，F_2 只涉及 E_2 中的属性，则由上述规则可推出：

$$\sigma_F(E_1 \times E_2) \equiv \sigma_{F_1}(E_1) \times \sigma_{F_1}(E_2)$$

若 F_1 只涉及 E_1 中的属性，F_2 涉及 E_1 和 E_2 两者的属性，则有：

$$\sigma_F(E_1 \times E_2) \equiv \sigma_{F_2}(\sigma_{F_1}(E_1) \times E_2)$$

这样可以使部分选择运算在笛卡儿积前先做。

6. 选择与投影的交换律

设 E 是关系代数表达式，A_i（$i=1, 2, \cdots, n$）、B_j（$j=1, 2, \cdots, m$）是 E 的属性，A_i 与 B_j 不相交，F 是选择条件。如果 F 只涉及 $\{A_1, A_2, \cdots, A_n\}$，则下列等价公式成立：

$$\sigma_F \prod_{A_1, A_2, \cdots, A_n} (E) \equiv \prod_{A_1, A_2, \cdots, A_n} (\sigma_F(E))$$

如果 F 中有不属于 $\{A_1, A_2, \cdots, A_n\}$ 的属性 $\{B_1, B_2, \cdots, B_m\}$，则有更一般的规则：

$$\prod_{A_1, A_2, \cdots, A_n} (\sigma_F(E)) \equiv \prod_{A_1, A_2, \cdots, A_n} (\sigma_F(\prod_{A_1, A_2, \cdots, A_n, B_1, B_2, \cdots, B_m} (E)))$$

7. 选择与并运算的分配率

设 E_1 和 E_2 是两个关系代数表达式，并且 E_1 和 E_2 具有相同的属性名，F 是选择条件，则下列等式成立：

$$\sigma_F(E_1 \bigcup E_2) \equiv \sigma_F(E_1) \bigcup \sigma_F(E_2)$$

8. 选择与差运算的分配率

设 E_1 和 E_2 是两个关系代数表达式，并且 E_1 和 E_2 具有相同的属性名，F 是选择条件，则下列等式成立：

$$\sigma_F(E_1 - E_2) \equiv \sigma_F(E_1) - \sigma_F(E_2)$$

9. 选择与自然连接的分配率

设 E_1 和 E_2 是两个关系代数表达式，并且 E_1 和 E_2 具有相同的属性名，F 是选择条件，F 只涉及 E_1 与 E_2 的公共属性，则下列等式成立：

$$\sigma_F(E_1 \bowtie E_2) \equiv \sigma_F(E_1) \bowtie \sigma_F(E_2)$$

10. 投影与笛卡儿积的分配率

设 E_1 和 E_2 是两个关系代数表达式，$A_i (i=1, 2, \cdots, n)$ 是 E_1 的属性，$B_j (j=1, 2, \cdots, m)$ 是 E_2 的属性，则下列等价公式成立：

$$\prod_{A_1, A_2, \cdots, A_n, B_1, B_2, \cdots, B_m} (E_1 \times E_2) \equiv \prod_{A_1, A_2, \cdots, A_n} (E_1) \times \prod_{B_1, B_2, \cdots, B_m} (E_2)$$

11. 投影与并的分配率

设 E_1 和 E_2 是两个关系代数表达式，$A_i (i=1, 2, \cdots, n)$ 是 E_1、E_2 的公共属性，则下列等价公式成立：

$$\prod_{A_1, A_2, \cdots, A_n, B_1, B_2, \cdots, B_m} (E_1 \bigcup E_2) \equiv \prod_{A_1, A_2, \cdots, A_n} (E_1) \cup \prod_{A_1, A_2, \cdots, A_n} (E_2)$$

（三）查询树的启发式规则

通过启发式规则对关系表达式的查询树表达形式进行优化。典型的启发式规则如下。

（1）选择操作优先原则。及早进行选择操作，这是查询优化中最重要最基本的一条。尽可能地先做选择操作，常常会将查询执行时间降低好几个数量级，因为选择操作会使计算的中间结果大大变小。

（2）投影操作优先原则。及早进行扫描操作，可以与相关的元素按合并进行。例如可以把若干针对同一个关系操作的投影与选择运算合并进行，这样可以避免重复扫描关系，在笛卡儿积或连接操作之前尽量排除无关数据。

（3）笛卡儿积合并规则。尽量避免单独进行笛卡儿积操作，可以把笛卡儿积与之前和之后的一系列选择和投影运算合并起来一起操作，这样可以避免两次操作之间的磁盘存取，特别是笛卡儿乘积大量的中间数据。

（4）提取公共表达式规则。如果重复出现的子表达式不是很大的关系，并且存磁盘中读取这个关系比计算这个表达式的时间要少得多，则应先计算一次此表达式，把中间结果存储起来，下次使用时直接读取这个结果，这样可以减少计算，提高效率。

下面给出遵循这些启发式规则，应用等价变换公式来优化关系表达式的算法。

算法：关系表达式的优化。

输入：一个关系表达式的查询树。

输出：优化的查询树。

方法：

①利用等价变换规则把形如 $\sigma_{F_1 \wedge F_2 \wedge \cdots \wedge F_n}(E)$ 变换为 $\sigma_{F_1}(\sigma_{F_2}(\cdots(\sigma_{F_n}(E))\cdots))$。

②对每一个选择，利用等价变化规则，尽量把它移到树的叶端。

③对每一个投影利用等价变换规则，尽可能把它移向树的叶端。

④利用等价变换规则，把选择和投影的串接合并成单个选择、单个投影或一个选择后跟一个投影。使多个选择或投影能同时执行，或在一次扫描中全部完成，尽管这种变换似乎违背了"投影尽可能早做"的原则，但这样做效率更高。

⑤把上述得到的语法树的内结点分组。每一双目运算（×，⋈，∪，—）和它所有的直接祖先为一组，这些直接祖先是（σ，Π运算）。如果其后代直到叶子全是单目运算，则也将它们并入该组，但当双目运算是笛卡儿积（×），而且后面不是与它组成等值连接的选择时，则不能把选择与这个双目运算组成同一组，应当把这些单目运算单独分为一组。

三、物理优化

代数优化改变了查询语句中操作的次序和组合方式，但不涉及底层存取路径。而物理优化主要是选择合理高效的操作算法或存取路径，得到优化的查询计划，来达到查询优化的目的。

选择的方式可以是：

（1）基于启发式规则的优化。启发式规则是指那些在大多数情况下都适用，但并不是在每种情况下都适用的规则。

（2）基于代价估计的优化。由优化器估算每种不同执行策略的代价，并选出具有最小代价的执行计划。

（3）两者相结合的优化方法。查询优化器常会把这两种技术结合在一起使用。因为能执行的策略有很多，要穷尽所有的查询策略进行代价估算往往是不可行的，会使查询优化本身付出的代价大于获得的益处。为此常常先使用启发式规则，选取若干较优的候选方案以减少代价评估的工作量；然后分别计算各方案的执行代价，从中较快地选择出最终的优化方案。

四、常见的查询优化

（一）基于索引的优化

通常建立和删除索引的工作都是由数据库管理员 DBA 或表的主人（owner）即建立表的主人负责完成的。系统在存取数据时会自动选择合适的索引作为存取路径，用户不必显式地选择索引。

使用索引的一个主要目的是避免全表扫描，减少磁盘 I/O，加快数据库查询的速度。但是，索引的建立降低了数据更新的速度，因为数据不仅要增加到表中，而且还要增加到索引中。另外，索引还需要额外的磁盘空间和维护开销。所以在设计和使用索引时应仔细考虑实际应用中修改和查询的频率，权衡建立索引的利弊，并应遵循以下原则。

（1）值得建索引并且用得上。记录有一定规模，而且查询只限于少数记录，规模小的表不宜建立索引。索引在 WHERE 子句中应频繁使用，索引并不是越多越好，当对表执行更新操作时系统会自动更新该表的所有索引文件，更新索引文件是要耗费时间的，因此降低了系统的效率。

（2）先装数据，后建索引。对于大多数基本表，总是有一批初始数据需要装入。建立关系后，先将这些初始数据装入基本表，然后再建立索引，这样可以加快初始数据的录入速度。

（3）查询语句中经常进行排序或在分组（用 GROUP BY 或 ORDER BY操作）的列上建立索引。如果待排序的列有多个，可以在这些列上建立复合索引。但应注意在建立复合索引时涉及的属性列不要太多，否则会增加索引的开销。当执行更新操作时会降低数据库的更新速度。组合索引前导列在查询条件中必须使用，否则该组合索引失效。如果 SQL 中能形成索引覆盖，性能将达到最优。

（4）需要返回某字段局部范围的大量数据，应在该字段建立聚簇索引。经常修改的列不应该建立聚簇索引，否则会降低系统的运行效率。在经常进行连接，但没有指定为外键的列上建立索引，而不经常连接的字段则由优化器自动生成索引。

（5）在条件表达式中经常用到的重复值较少的列上建立索引，避免在重复值较多的列上建立索引。有大量重复值并且经常有范围查询（BETWEEN，＞，＜，＞＝，＜＝）时可考虑建立聚簇索引。

（6）SELECT、UPDATE、DELETE 语句中的子查询应当有规律地查找少于 20％ 的表行。如果一个语句查找的行数超过总行数的 20％，它将不能通过使用索引获得性能上的提升。

一般而言，当检索的数据超过 20％ 时，数据库将选择全表扫描，而不使用索引。也就是说，表很小或者查询将检索表的大部分时，检索并不能提高性能。最好的情况是，将一些列包含在索引中，而查询恰好包含由索引维护的那些行，此时优化器将从索引直接提供结果集，而不用回到表中去取数据。

（7）如果建表时就建立索引，那么在输入初始数据时，每插入一条记录都要维护一次索引。系统在使用一段时间后，索引可能会失效或者因为频繁操作而使得读取效率降低，当系统效率降低或使用索引不明不白地慢下来的时候，可以使用工具检查索引的完整性，必要时进行修复。另外，当数据库表更新大量数据后，删除并重建索引可以提高查询速度。

（8）如果表中对主键查询较少，并且很少按照范围检索，就不要将聚集索引建立在主键上。由于聚集索引每张表只有一个，因此应该根据实际情况确定将其分配给经常使用范围检查的属性列，这样可以最大限度地提高系统的运行效率。

（9）比较窄的索引具有较高的效率。对于比较窄的索引来说，每页上能存放较多的索引行，而且索引的深度也比较少，所以，缓存中能放置更多的索引页，这样也减少了 I/O 操作。

（10）不应该对包含大量 NULL 值的字段设置索引。就像代码和数据库结构在投入使用之前需要反复进行测试一样，索引也是如此。应该用一些时间来尝试不同的索引组合。索引的使用没有什么固定的规则，需要对表的关系、查询和事务需求、数据本身有透彻的了解才能最有效地使用索引。索引也不是越多越好，只有适度参照上面的原则使用索引才能取得较好的效果。

注意：表和索引都应该进行事先的规划，不要认为使用索引就能解决所有的性能问题，索引有可能根本不会改善性能（甚至可能降低性能）而只是占据磁盘空间。

在使用索引时可以有效地提高查询速度，但如果 SQL 语句使用得不恰当的话，所建立的索引就不能发挥作用。所以应该做到不但会写 SQL 语句，还要写出性能优良的 SQL 语句。

（二）查询语句的优化

1. 避免和简化排序

简化或避免对大型表进行重复的排序，会极大地提高 SQL 语句的执行效率。当能够利用索引自动以适当的次序产生输出时，优化器就避免了排序的步骤。

为了避免不必要的排序，必须正确地建立索引；如果排序不可避免，则应当简化它，如缩小排序列的范围等。在嵌套查询中，对表进行顺序存取对查询的效率可能产生致命的影响。如果采用顺序存取策略，一个嵌套 3 层的查询，如果每层都查询 1000 行，那么该查询就要查询 1 亿行数据，避免这种情况的主要方法就是对连接的列进行索引或使用并集来避免顺序存取。

2. 消除对大型表行数据的顺序存储（避免顺序存取）

在嵌套查询中，表的顺序存取对查询效率可能会产生致命的影响，比如一个嵌套 3 层的查询采用顺序存取策略，如果要每层都查询 1000 行，那么这个嵌套查询就要查询 10 亿行数据。避免这种情况的主要方法就是对连接列进行索引，还可以使用并集（UNION）来避免顺序存取。尽管在所有的检查列上都有索引，但某些形式的 WHERE 子句强迫优化器使用顺序存取。

3. 避免相关子查询

相关查询效率不高，如果在主查询和 WHERE 子句中的查询中出现了同一个列标签，就会使主查询的列值改变，子查询也必须重新进行一次查询。查询的嵌套层次越多，查询的效率就会越低，所以应该避免子查询。如果子查询不可避免，那么就要在查询的过程中过滤掉尽可能多的行。

4. 避免困难的正规表达式

MATCHS 和 LIKE 关键字支持通配符匹配，技术上叫做正规表达式，但这种匹配较为消耗时间，另外还要避免使用非开始的子串。

5. 使用临时表加速查询

对表的一个子集进行排序并创建临时表，也能实现查询加速。在一些情况下，这样做有利于避免多重排序操作，而且在其他方面还能简化优化器的工作。

6. 用排序来取代非顺序存储

磁盘存取臂的来回移动使得非顺序磁盘存取变成了最慢的操作。但是在 SQL 语句中这个情况被隐藏了，这使得我们在写应用程序时很容易写出进行了大量的非顺序页的查询代码，降低了查询速度。对于这个现象还没有很好的解决方法，只能依赖于数据库的排序能力来替代非顺序存取。

7. 避免大规模排序操作

大规模排序操作意味着使用 ORDER BY、GROUPE BY 和 HAVING 子句。无论何时执行排序操作，都意味着数据自己必须保存到内存或磁盘里（当以分配的内存空间不足时）。数据是经常需要排序的，排序的主要问题是会影响 SQL 语句的响应时间。由于大规模排序操作不是总能够避免的，所以最好把大规模排序在批处理过程里，在数据库使用的非繁忙期运行，从而避免影响大多数用户进程的性能。

8. 避免使用 IN 语句

当查询条件中有 IN 关键字时，优化器采用 OR 并列条件。数据库管理系统将对每一个 OR 从句进行查询，将所有的结果合并后去掉重复项作为最终结果，当可以使用 IN 或 EXIST 语句时应考虑如下原则：EXIST 远比 IN 的效率高，在操作中如果把所有的 IN 操作符子查询改写为使用 EXIST 的子查询，这样效率更高。同理，使用 NOT EXIST 代替 NOT IN 会使查询添加限制条件，由此减少全表扫描的次数，从而加快查询的速度以达到提高数据库运行效率的目的。

9. 使用 WHERE 代替 HAVING

HAVING 子句仅在聚集 GROUP BY 子句收集行之后才施加限制，这样会导致全表扫描后再选择，而如果使用 WHERE 子句来代替 HAVING，则在扫描表的同时就进行了选择，其查询效率大大提高了。但当 HAVING 子句用于聚集函数，不能由 WHERE 代替时则必须使用 HAVING。

10. 避免使用不兼容的数据类型

float 和 int，char 和 varchar，binary 和 varbinary 是不兼容的数据类型。数据类型的不兼容会使优化器无法执行一些本来可以进行优化的操作。例如：

SELECT ＊FROM SC WHERE Grade＞31.5

在这条语句中，如果 grade 字段是 int 型的，则优化器很难对其进行优化，因为 31.5 是个 float 型的数据。应该在编程时将浮点型转化为整型，而不是等到运行时再转化。

第二节　云计算环境下内存数据库的优化设计

一、研究背景、意义、现状与研究内容

随着云计算技术的飞速发展，数据总量也是以指数级在增长，来自于海量数据的处理压力问题让人们不得不重视起来。那么，什么是大数据呢？总结来说，大数据有四个基本特征：体量巨大，类型多样，要求较高的处理效率，同时数据的价值密度低。大数据只是一个笼统的概念，它代表的不仅仅是数据体量大，更重要的是对海量数据的分析并从中提取出有效信息。然而它的特点却为处理大数据上带来了巨大的挑战。首先就是容量问题，这里的容量通常是以 PB 作为计量单位。由于单台的物理设备很难满足海量数据的存储要求，所以对于存储设备，通常需要它具有简单的横向扩展能力。在对大数据的处理中，尤其是文件的存储，给传统技术出了大难题。对于海量文件中元数据，如果处理不当就很容易导致系统的性能降低，传统的 NAS 技术就存在这一瓶颈。大数据带来的另一个比较严重的问题就是延迟性。在很多大数据的应用环境中是需要较高的 IPOS（Input/Output Operation Per Second）性能的，即每秒进行读写操作的次数，如翻译、医疗等情况。为了解决延迟性问题，人们使用内存数据库代替原来的关系型数据库，在系统中搭建内存缓存架构，减少了对于磁盘 I/O 的访问次数，提升了系统性能。同时也尝试使用全固态介质作为可扩展存储系统的底层支撑，提高磁盘 I/O 的读写速度。

由于内存的读写速度比起传统的磁盘 I/O 高出了数个量级，同时借助常见的内存数据库也易于实现，内存缓存技术逐渐成为当代最吸引众人眼球的技术之一。例如，为了解决海量数据导致的文件存储问题，人们在分布式文件系统中利用内存数据库搭建缓存层，将元数据存储在缓存层中。在文件查找请求到来时，系统先在内存数据库中查看是否有相关元数据的缓存，如果没有找到再去底层的存储设备中查找。通过添加内存缓存思想，系统对于低

速硬件设备的访问次数大大降低，提高了系统单位时间内的读写效率。

但是在云计算环境下的工作模式中，有些内存数据库由于自身机制原因，存在着一定的弊端，这里拿常见的 Memcached 数据库来举例。它在处理用户海量请求时，利用客户端上的一致性哈希算法实现了分布式，起到了一定的负载作用。在这种方式中，存储服务器之间没有实现通信，分布式完全依赖于它的客户端，对于存储服务器来说存在着单点失效的问题。同时在内存缓存系统常见的应用场景中，读操作普遍是远远超过写操作的，对读并发的处理能力需求日益增加。Memcached 对 HashTable 的管理上采用了大锁机制，每次数据操作都会锁住整张表，降低了系统对于并发的处理能力。为了能够使内存数据库具有高可用性和高并发性，同时更好地应用在云计算环境中，基于 Memcached 的内存缓存系统被设计了出来。

为了能够帮助人们解决海量数据的处理难题，内存缓存技术逐渐成为计算机领域研究的热点。随着人们对于数据处理提出的要求日益严苛，硬件设备也在快速升级换代，这就使得 CPU 的运算速度以及对磁盘等物理存储的访问频度急速增长。但是底层硬件设备的升级换代速度明显满足不了当代"大数据"的处理需求，CPU 的高频访问和硬件设备的处理速度之间出现了越来越大的鸿沟，导致 I/O 严重地影响了系统整体的性能。为了处理好这方面的不匹配问题，人们开始利用内存数据库搭建系统中的缓存层，争取减少系统对于低速存储设备的 I/O 访问次数，从而提高系统运行效率。

各大云计算服务公司通过自己的云计算平台向用户提供云服务，为了应对大数据环境下的服务效率问题，它们纷纷在自身云产品中添加了内存缓存技术。

众所周知，亚马逊公司作为云计算行业龙头企业，它提出的 AWS 即 Amazon Web Service 为用户提供了专业大数据，云计算服务。其中的产品 ElasticCache 作为一项 Web 服务，支持了两种开源的内存引擎：Redis 和 Memcached。ElasticCache 和 Memcached 实现了协议的兼容，使得它能够无缝地使用到 Memcached 提供的内存数据库服务。同时，由于 ElasticCache 对于 Redis 也能兼容，它能够为用户提供单节点以及集群服务，具有极高的可扩展性。

阿里巴巴作为国内的大型云计算公司，旗下有着支付宝、淘宝、天猫等对访问量要求极高的业务，一般的数据库根本无法承受这样巨大的数据访问压力。为了解决这个问题，阿里自主研发了高速内存缓存系统 Tair 并广泛应用到自身的多项业务平台中，包括天猫、聚划算等。例如，在 2015 年的"双十一"活动中，Tair 部署了将近 100 个集群，机器数量达到了 5000 之多，在这次活动中，用户的访问压力使得单台物理节点的每秒处理请求数峰值达到了百万级别。在巨大的请求压力下，Tair 缓存系统仍然保证了高达 90% 以上的缓存命中率。随后，阿里在 Tair 的基础上提出了云数据库 Memcached 版本，底层基于 Memcached，使用分布式架构，实现了单实例最大能够提供 72 万的每秒处理请求数，同时提供了业内最大的缓存数据库配置，高达 256G。阿里云的云数据库 Memcached 版比起原生的 Memcached 对数据的安全保障进行了优化，提高了数据的保密性。

利用内存缓存技术，以常见的内存数据库作为底层支撑，可以实现整套的缓存系统。然而原生的内存数据库由于自身的设计原理，在应用到缓存系统中需要进行适当的优化。例如，Memcached 内存数据库自身只在客户端上实现了分布式，服务器端之间互相不能通信，存在着单点失效的问题。同时在哈希表的管理上，采用锁住整张表的管理方式会降低对于用户请求的并发处理能力。考虑到内存缓存系统的高可用性和高并发性设计需求，对于内存数据库在云计算环境中的优化研究是很有必要的。

相比于磁盘等底层低速硬件设备，内存的读写要迅速得多。将数据存储在内存中能够极大地提升用户对于数据的访问效率。同时，内存数据库和传统数据库的体系架构以及对于数据的处理是存在较大差异的。内存数据库基于这套架构，对于自身的数据缓存、数据处理、并行操作上都进行了相应的改进，这也是内存数据库比起传统数据库更加适用于云计算大数据环境中的原因之一。

在云计算环境下，人们对于数据的处理速度要求越来越高，这也是为什么内存缓存技术的应用遍及各个领域。除了处理速度，还必须兼顾数据可靠性和系统的并发处理能力。为了保证系统高可用和高并发特征，基于 Memcached 内存数据库，研究者们设计了一套完整的内存缓存系统 LMCached。

首先，完成了需求分析工作，传统的 Memcached 数据库是完全依赖于自己的客户端实现的分布式，服务端之间无法实现通信，导致在处理高并发情况的时候，存储服务器出现单点失效的情况，大大影响了系统的可用性。而且在对于自身哈希表的管理上采用的大锁机制，也导致 Memcached 在处理用户海量请求上的能力还有待提高。基于上述的考虑，提出了 LMCached 内存缓存系统的设计需求。针对用户的海量访问请求，利用负载均衡层（第一层）将用户的请求分离到读写代理上，在代理中进行请求分类，让主备集群分别处理用户的写操作和读操作，提升系统的压力负荷能力。系统控制层（第二层）中设计了读写代理模型，由于写代理的唯一性，实现了代理的选举算法，解决了写代理的单点失效问题。同时利用路由信息表记录了路由信息，协助主备集群的数据同步备份。对于系统的配置文件的管理设计了系统控制类进行规范化的管理。为了应对用户海量读写请求，在数据处理层（第三层）对传统的 Memcached 锁机制进行了优化，并设计主备集群机制，实现了集群间的数据同步，保证系统的高可用性。同时基于代理上的缓冲区管理，建立多级缓存架构，帮助提升用户的数据访问效率。在公共服务层（第四层）设计了单独的日志模块和监控模块，帮助提高维护人员的工作效率，实现系统的规范化管理。

完成了系统整体的架构设计后，给出了各级工作层次以及每个模块的具体实现方案。负载均衡层中利用 Keepalived＋LVS 技术将用户请求分配到代理集群，提升并发处理能力。系统控制层中的读写代理模块利用选举算法实现了自动化的选举工作，并根据代理类型处理相应的用户请求。路由信息模块利用 Memcached 客户端的一致性哈希算法，对每个 key－value 的存储路由信息进行记录，并利用版本号对数据访问进行控制。为了实现对系统配置文件的统一管理，本设计实现了系统配置类，通过调用相关接口可以读取文件中的各个配置项并设置。数据处理层中分为存储模块和容灾模块。存储模块中采用锁分离的策略将 Memcached 的哈希表分为多个 Partition，降低锁的粒度，提升系统的并发能力。在代理上利用本地缓存机制实现了系统多级缓存，提高用户对数据的访问效率。容灾模块中实现了主备集群之间的数据通信和集群数据的同步，在一定程度上解决了传统 Memcached 的服务端单点失效问题。公共服务层的设计主要为其他层次提供支持。日志模块采用的是多线程实时监听和异步写缓冲区的设计方案，通过查看日志文件，方便相关人员的系统运维工作。监控模块采用 Server－Proxy－Agent 模型，实时记录系统中的物理服务器状态，并且能够在出现故障的时候自动更新机器工作状态信息表。

最后，对设计的 LMCached 内存缓存系统进行了功能测试和性能测试，并将测试结果与传统的 Memcached 进行了对比，通过测试结果发现 LM-Cached 系统的运行基本符合预期的设计目标。在处理云计算环境中用户的海量需求时，系统具有高可用和高并发特征，同时对于读操作的处理能力相比传统的 Memcached 部署也有着一定的提升。

二、缓存相关技术

（一）分布式缓存

在面对云计算环境下大规模数据的访问和存储需求时，传统数据库由于频繁地访问底层硬件存储设备，导致系统遭遇到了性能瓶颈。分布式缓存技术的出现针对这类问题给出了解决思路。它能够给用户提供更加方便快捷的访问服务，拉近了数据和应用之间的距离。

分布式缓存的使用让系统具有了高性能，这是因为分布式缓存技术是以高速缓存设备作为存储介质的。相比于传统的硬盘读写速率，内存对于数据的处理速度高出了太多。在分布式缓存技术中的数据存储通常存放在键值数据库中，这使得数据的访问效率能够达到 DRAM 的级别。

分布式缓存有着良好的动态扩展性，能够很从容地应对云环境下的海量数据处理请求。在云计算环境中，业务的需求必然不断变化，系统中随时可能需要添加或者减少节点数量来适应不同的用户请求。所以在设计分布式缓存系统时，还必须考虑到系统的健壮性，保证在系统出现问题的时候，能够实时对系统进行方便的调整措施，从而方便技术人员进行系统维护。

对于缓存来说，数据只是暂时的存放，最终数据还是需要被写入到磁盘中，这就要求缓存自身需要具备高可用性。目前最常用的保证数缓存数据的可用性方式就是冗余备份，它能够保证系统不出现单点故障。一些较为完善的分布式缓存系统中已经尝试做到在节点增删时，能够自动地完成数据的重新分配工作，方便了开发人员对于节点的管理。

除了上面提到的高并发、高可用和水平扩展的特征，分布式缓存还应该具有易用性。易用性要求系统的操作足够简单，方便使用和维护。整个系统对于开发人员来说，他们不需要了解系统的内部的实现架构等细节，能够直接使用系统向外提供的接口完成开发工作，也就是说系统内存是完全透明的。在系统出现问题的时候，直接利用接口函数或者修改配置参数就可以解决。所以对于分布式缓存系统来说，在设计系统的时候需要考虑实现数据的可视化以及完善的应用接口，在开发人员使用的时候无需使用复杂的命令来操作，帮助提升系统的维护效率。

（二）内存数据库

传统的关系型数据库强调了数据必须具有一致性和完整性，但是由于自身的事务处理、频繁的磁盘读写等机制，导致系统在对待数据实时性的要求时总显得力不从心。为了解决这个问题，人们尝试使用内存数据库。相比关系型数据库以物理内存作为底层存储，内存数据库将底层的低速硬件设备作为数据备份和持久化的载体，对数据的访问等操作都是基于内存进行实现的。而且硬件设备技术的日益发展和进步也使得物理内存的容量不断提升，同时相应的设备价格逐渐亲民，这些都促进了内存数据库技术的飞速发展。

现在常用的内存数据库有 Memcached、Redis、LevelDB、FastDB 等，下面选择其中的 Memcached 和 Redis 进行介绍。

1. Memcached

Memcache 是 danga. com 的一个项目，最早是为 LiveJournal 服务的，目前它已经成为 FaceBook、Youtube、mixi、Vox 等众多公司服务中提高 web 应用扩展性的关键因素。传统 web 应用都将数据存放在 RDBMS 中，当用户请求到来的时候应用服务器都是直接从 RDBMS 中读取、处理和显示数据。但是，随着数据量的迅速增长，直接访问 RDBMS 中的数据就会导致负载加重，数据库响应变慢，严重影响系统性能。而 Memcached 就是为了解决这方面的问题提出的解决方案，它是一款高性能的分布式内存缓存服务器，内部使用 libevent 库支持高并发的客户处理。Memcached 本身基于 C/S 框架，服务端底层使用 C 语言编写，客户端则给出了多种语言的接口，包括 PHP、Python 等。它的优势在于通信协议简单，拥有完整的内存管理机制，能够处理高并发请求，服务器节点之间互不通信，降低了系统通信开销等。

在 Memcached 内部使用了预分配策略来管理系统内存，这是为了尽可能地减少内存的释放和再分配工作。传统的内存分配中，系统根据用户请求来分配（malloc）和释放（free）内存空间，随着用户请求次数的增加，频繁地对内存进行创建删除操作，使得内存碎片大量增加，从而导致系统的内存使用率降低。为了解决这个问题，Memcached 内部摒弃了传统的内存管理方式，采用了 slaballocator 内存分配策略，支持内存的预分配。在系统开始运行时，启动由—m 指定的可用的最大内存值（默认为 64M），默认是使用时再分配内存。Memcached 内存管理中有几个比较关重要的角色，下面对它们进行简单的介绍。

Page：Memcached 内存分配的基本单位，默认大小是 1M。如果内存不够，需要申请新内存时，Memcached 会划分一个 Page 大小的内存块给需要的 slab 区域。

Slab：每个 Memcached 中存储数据时，会将存储空间划分为不同大小的块进行管理，每个 Slab 负责管理大小一定的一组 Chunk 块。默认情况下，Memcached 相邻 Slab 之间是 1.5 倍的大小差别，这个可以根据实际情况进行预设。

Chunk：Memcached 中数据实际存放的位置也被称为 chunk。chunk 是一系列固定大小的内存空间，这个空间大小就是对应的 slab 分块指定的大小。例如，slab 大小为 104byte，那么 slab 中所有的 chunk 大小都为 104byte。当有数据备分配到某个 slab 中进行存储，那么 slab 会拿出一个空闲 chunk，由于 chunk 的大小已经被指定，所以数据肯定能被存到该 slab 的 chunk 块中，根据 Memcached 自身的内存管理机制，存储数据空出来的空间会被闲置。

当 Memcached 存储一个新的缓存数据时，首先计算数据大小并选择 slab，然后查看该 slab 中是否还有空闲的 chunk 块，如果有就直接存放数据；如果没有就需要向系统申请新的内存。新申请的内存以 page 为基本单位，大小默认 1M。对于申请到的 page 内存，slab 会把它按照 chunk 的大小进行等分，这样就会出现一个新的 chunk 大小的内存数组。最后在这个内存数组中取一块作为数据的存储空间。

Memcached 之所以是高性能以及轻量级的，和它本身的分布式架构有着很大的关系。它的分布式完全是基于客户端的一致性哈希算法实现的，存储服务器节点之间互不通信，降低了通信开销。在使用内存缓存服务的时候，开发人员在客户端上直接进行操作，客户端在收到数据的处理存储请求后，内部算法会通过"键"来决定数据存放在哪台服务器上。在取数据的时候，客户端使用相同的算法将"键"值映射到对应的服务器上，然后获取用户请求的数据并返回。数据的处理流程如图 5-2 所示。

2. Redis

Redis 是一个基于内存进行数据存储的开源数据库，相比起 Memcached，它实现了持久化功能，保证数据的安全性，是当前使用最为广泛的内存数据库之一。

Redis 是一个 key-value 存储系统，和 Memcached 比较起来，它支持更多的数据存储类型，包括 string（字符串）、list（链表）、set（集合）、zset（有序集合）和 hash（哈希类型）。它丰富的数据结构类型帮助提升了系统的数据服务性能，考虑到内存中的数据在宕机后出现的丢失问题，对于内存数据库来说，数据长期存放在内存中是不可靠的。为了避免数据出现丢失的情况，Redis 提供了四种数据持久化到磁盘的方式，分别为定时快照（snap-

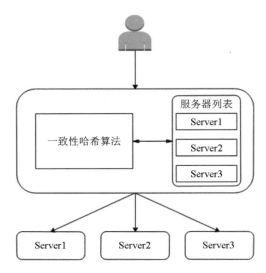

图 5 - 2　Memcached 数据处理流程

shot)、命令追加文件（aof）、虚拟内存和 Diskstore。但是在 Redis - 2.4 后虚拟内存方式已经被放弃掉了，主要是因为代码复杂、数据存储速率不理想。而 Diskstore 就是作者用来取代用来虚拟内存的一种新持久化方式，采用了传统的 B - tree 模式。不过这种持久化方式还有待改进，所以主要讨论定时快照（snapshot）和命令追加文件（aof）。

定时快照（snapshot）也被称为 RDB，是 redis 系统默认的持久化方式，根据用户的设定将内存中的缓存数据按照配置项规定，定期地生成二进制文件作为系统的快照文件。除了触发用户设置的 key 修改阈值会自动形成快照文件以外，客户端也可以运行 sava 或 bgsave 命令来生成快照文件。但是快照持久化的方式每一次都是将内存中所有的数据写入到磁盘，如果数据量过大，频繁的快照操作将会触发系统的磁盘 I/O 瓶颈。除此之外，快照的另一个缺点就是对容灾的处理。由于每次快照之间存在一定的时间间隔，如果在这个时间段 redis 宕机，那么将会丢失一部分数据。如果应用对数据完整性的要求很高，一般会采用命令追加文件（aof）方式进行数据持久化。

使用命令追加文件（aof）进行数据持久化操作时，redis 会把每次对于数据的写操作命令通过 write 函数追加到文件末尾。当 redis 需要进行数据载入时，系统会通过执行文件中保存的数据操作命令在内存中加载数据。由于每次都将数据的操作记录下来，所以数据基本上不会丢失，相比 RDB 模式来说安全性更高。但是不停的追加写文件必然会导致 aof 文件的大小一直增加。为了解决这个问题，redis 为用户提供了设置 aof 文件大小阈值的功能，当文件的大小超过了阈值将会根据内存中的数据重新建立新的 aof 文件。新 aof 文件和老 aof 文件之间没有关联，新 aof 文件的重写是根据当前内存数据库中的数据存储情况实现的。

（三）分布式调控

由于科学技术的迅速发展，传统的集中式计算已经无法满足人们日益增长的数据处理需求，分布式计算技术的出现很好地解决了这方面的问题。

分布式计算一般采用集群的方式，利用多台物理机上的内存等稀缺资源共同实现项目中的需求。由于网络环境的复杂性，分布式计算集群普遍存在着局部性问题。例如，脑裂、I/O 隔离等。为了应对这些问题，人们对于分布式集群的管理提出了需求，于是相应的分布式调控技术也应运而生，其中大家比较熟悉的就是 ZooKeeper 和 Raft。

1. ZooKeeper

基于开源工具 ZooKeeper，可以实现对于应用程序的分布式协调工作。它作为 ApacheHadoop 的子项目，通常被使用在集群环境中，用户利用 ZooKeeper 的客户端可以与集群中多台服务器结点进行会话。在它的原语集中虽然没有直接提供分布式同步的原语，但是为用户提供了很多简单易用的 API 接口，这些接口可以帮助用户组织自己的分布式调控逻辑。下面将简单介绍 ZooKeeper。

（1）ZooKeeper 交互模式。当收到用户请求的时候，ZooKeeper 会选择集群中的某一台服务器和用户建立通信连接。这个连接在 ZooKeeper 内被称为会话，每个会话有着一个超时时间。客户端会负责维持这个会话，通过定时的心跳机制，客户端能够保证会话的有效性。如果通信连接中服务器在设置的超时时间 timeout 内没有收到客户端的心跳检测，那么系统就认为它出现故障，这个链接是无效链接。另一种情况是，当客户端由于网络拥塞等问题断开了与服务器节点的会话连接，只要在超时时间内能够和其它服务器节点建立会话连接，那么该会话仍然被认为有效。虽然客户端是和其它的服务器节点进行会话连接，但是在 ZooKeeper 内部由于各个服务器节点的数据是一致的，所以可以保证服务器节点的切换不影响整体的服务。

（2）ZooKeeper 数据模型。Zookeeper 内部的命名空间和文件系统类似，是一个逻辑上的树形层次结构，树中的每个节点被称为 Znode。Znode 节点是

Zookeeper 中的核心数据结构，它有着下面这些特点。

· Znode 节点本身还可以生成子节点，并且每个子节点上都大小为 1M 左右的数据存储空间。

· Znode 的数据利用版本号机制控制并发访问，对于数据的一致性还采用了乐观锁机制。

· Znode 节点分为临时节点和永久节点。当 Zookeeper 服务器节点和某台客户端建立连接后，它们通过长连接进行消息发送。如果服务器节点为节点，那么当服务器和客户单连接断开的时候，节点也会被自动删除。

· Znode 节点可以自动编号，假设在 Zookeeper 中已经存在某个节点名为 app1，那么新加入的节点将自动被命名为 app2。

· Znode 节点对于数据的修改，以及节点的新增和删除等行为都可以被实时监控，通过这些信息实现了统一化的管理。

（3）ZooKeeper 集群管理。由于用户量的增加，后台服务器集群通常需要无时不刻地为用户提供服务，为了保证系统的高可用性，人们提出了 master – slave 主从模式的思想。正常情况下，由 master 为用户提供服务，slave 监听 master 的运行状态，当 master 出现问题的时候，可以自动切换到 slave 继续为用户提供数据服务。但这是非常理想的情况，在实际中，可能由于 slave 监听进程的网络延时性，误判 master 宕机而启动服务。这导致系统中出现了"双主"，也就是人们常提到的"脑裂"问题。为了避免系统中出现"双主"，通常使用 ZooKeeper 来进行集群管理。

ZooKeeper 中默认使用 FastLeaderElection 作为选主算法，这种算法是基于 Znode 节点的临时性和永久性实现的。通过之前的介绍，可以了解到当会话断开的时候，临时节点会被 ZooKeeper 删除。当每台服务器开启的时候，会在指定的目录下生成一个临时节点，这个节点指定为 master，谁注册了这个节点就是集群的 master 节点。当节点竞争注册为 master 节点的时候，如果发现该节点已经被注册，那么当前节点只能放弃注册，成为从节点。在成为从节点的时候，该服务器必须订阅该临时节点删除时的处理事件，这是为了在 master 节点出现网络故障等原因失效的时候能够重新进行主从节点的选举工作，保证系统的可靠性。图 5 - 3 给出了 ZooKeeper 的集群管理架构图。

2. Raft

Zookeeper 为了对分布式集群进行调控，底层采用的是 Paxos 算法，对于 Paxos 人们在使用的过程中发现它比较难理解，在实现上也非常困难。为了解

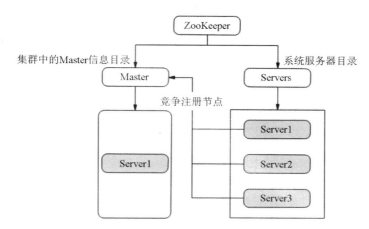

图 5－3　**ZooKeeper 集群管理架构图**

决这方面的问题，一种新的分布式协议 Raft 被提出了。

对于分布式集群来说，由于网络和应用环境的复杂性，可能存在着各种意外的情况。当分布式集群中出现机器宕机、网络延迟等故障时，有些服务器上的数据就会和其它机器上的数据不一致，导致系统的数据服务不可靠。在提升系统可靠性时必须考虑到设定一定的策略来保证数据的一致性。

数据一致性在一定程度上是为了能够提升系统的容错能力，对于集群的管理并不需要所有的服务器达到100％一致，只要有超过半数的大多数机器达到数据一致性就可以判定系统的数据服务功能是正常的。其中 Raft 协议就是通过投票选举和日志复制两部分工作，实现了分布式集群中存储服务器上数据一致性。下面对投票复制过程进行详细的描述，日志复制如果感兴趣可以自行了解。

在算法中有这样几个概念：Follower、Candidate、Leader、Waiting Timeout 和 Heartbeat Timeout。

· Follower：集群中各台机器的初始化状态，是还没有成为 Candidate 并发起选举请求的状态。

· Candidate：Follower 在经过了 Waiting Timenout 的时间后，会发起选举请求，成为 Candidate。

· Leader：Candidate 在发起选举请求后，它得到了集群中大多数机器的选票后，就会成为集群的 Leader，集群中在任一时刻只有一个 Leader。

· Waiting Timeout：一个随机的等待时间，值的范围在 150～300ms。

Follower 只有经过了 Waiting Timeout 后才会成为 Candidate。

· Heartbeat Timeout：心跳包检测时的时间限制，Leader 必须在 Heartbeat Timeout 时间内发出心跳检测包。

选举算法的详细流程如下。

（1）在每台代理上初始化定时器，定时器的值在 150～300ms 区域内进行随机取值，每次重置定时器时都会执行随机操作。

（2）初始化参数 term 和 vote count，分别用来记录当前的任期和 Candidate 收到的 Follower 投票数。

（3）初始化代理集群后，各台代理经过自己的 WaitingTime 后成为 Candidate，并向其它 Follower 发起投票通知。

（4）Follower 收到投票通知后，会投出自己的选票，同时重置自己的定时器。

（5）Candidate 在收到每台机器的选票时，都会对 Vote Count 执行加一操作，最后将统计总数和（总机器数量/2＋1）进行比较，判断自己是否获得了大多数的选票，如果是，它将成为集群的 Leader；如果有多台机器获得的选票数相同，无法决定出哪台机器作为集群 Leader 的话，那么就重置这几台机器的定时器，然后执行流程（3），直到出现唯一的 Leader。

（6）Leader 将自己的信息发给所有的 Follower，所有机器更新自己的 Term 信息。

（7）Leader 向所有的 Follower 在 Heartbeat Timeout 的时间限制内发送心跳检测包，每台 Follower 在收到检测包时都需要进行回复，同时重置自己的定时器时间。如果 Leader 出现故障，Follower 没有收到心跳检测包，那么将调转到流程（3），重新执行选举算法。

选举算法的时序图如图 5-4 所示。

三、LMCached 内存缓存系统的分析与优化设计

（一）需求分析

传统数据库的设计理念是为了能够将数据永久化，所以一般会将数据存放在磁盘等低速硬件设备上，但随着云计算、分布式等技术的应用，人们对于数据的访问效率提出了更高的需求。内存缓存技术将部分数据缓存在内存中，如果在内存中访问数据未命中才会去到磁盘中查找，减少了对于低速存储设备的 I/O 访问次数。

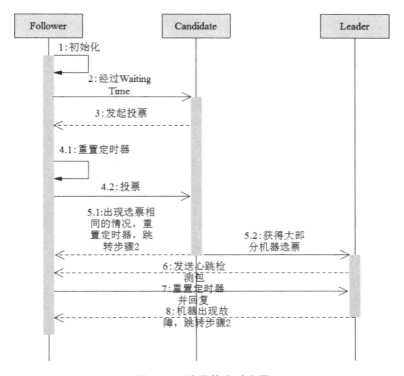

图 5 – 4 选举算法时序图

其中 Memcached 是比较常用的内存数据库，它本身存在着轻量级和易扩展性的特点。相比起 Redis，它在处理简单数据结构的数据操作时有着较大的优势。内存管理没有使用传统的 malloc/free 机制，而是采用 slaballocator 进行预分配，解决了内存碎片的问题，在处理小数据的时候性能很优秀。

但是传统 Memcached 的服务器端没有实现分布式，完全取决于客户端的实现，机器之间不能进行数据通信，这就导致存储服务器上有着单点故障的隐患，所以在实际应用中需要考虑好合适的部署方案。此外，数据存放在 Memcached 中，它本身并不支持数据的持久化和备份功能，无法保证数据的安全性，容灾性能较差。当面临海量用户请求时，Memcached 在哈希表管理上使用的锁机制也限制了自身并发处理能力。为了应对云环境下海量用户的访问情景以及相关的项目需求，本小节基于 Memcached 内存数据库进行了优化并设计了内存缓存系统 LMCached。

根据内存缓存系统的应用场景特点，在设计时主要考虑以下三个方面。

（1）高可用性：作为内存缓存系统，在设计时必须保证尽可能地减少系统故障时间，保证缓存服务的高可用性。

（2）高并发性：是指在同一时间，计算机系统能够同时执行的性能。当用户数量比较大的时候必须考虑到怎样做好负载工作以及采用什么样的并发模型来处理用户的海量请求。

（3）易扩展性：由于内存是计算机的宝贵资源，所以在使用内存缓存系统的时候通常采用的是分布式架构。客户端负责接收用户的数据请求，服务器端在内存中对数据进行缓存，当内存资源不够的时候就需要对服务器端的分布式集群进行横向扩展，这是在云计算环境中必须关注的问题。

为了优化 Memcached 内存数据库在处理海量用户请求时面临的高可用、高并发需求，本小节提出了 LMCached 内存缓存系统，系统架构图如图 5–5 所示。

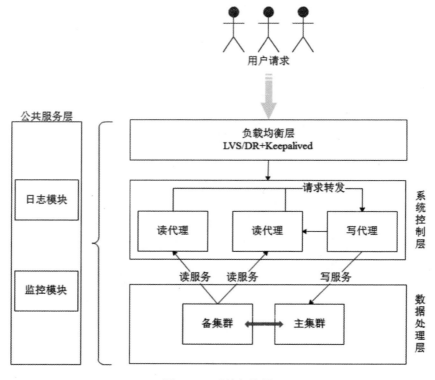

图 5–5　系统架构图

（二）架构分析

系统总共分为四层，分别是负载均衡层、系统控制层、数据处理层和公共服务层。

（1）负载均衡层，负责对用户的请求进行合理的分摊，减小单位代理机器上的负载压力，保证系统能够及时地处理用户请求，不会因为某台代理负载过大而导致数据处理的延时，保证了系统的稳定性和数据的实时性。

（2）系统控制层，负责用户读写请求的逻辑分离，路由信息记录和系统配置管理功能。传统数据库中经常使用读写分离策略帮助提高数据库的读性能，本小节中抽象出了读写代理模型，对用户的请求进行分类处理。路由信息记录功能维护了多张数据表，必要时采取乐观锁来保证数据更新时的一致性。系统配置管理功能负责对系统配置文件进行管理，当系统出现故障的时候，能够辅助系统的维护工作。

（3）数据处理层，主要负责数据的存储和容灾。数据存储时对 Memcached 哈希表的锁机制进行了优化，提升了处理数据请求的并发能力，同时在代理节点上建立本地缓冲 Local Cache，引入多级缓存的思想进一步提升系统的数据处理效率。在处理数据请求时，写代理将数据写入到主集群，主备集群之间会实现数据的同步工作，然后备集群专门向读代理提供数据读服务。数据容灾功能考虑到内存缓存系统中可能出现传统 Memcached 的单点失效问题，采用了主备集群机制并通过版本控制实现了主从备份的数据一致性。

（4）公共服务层，提供了系统的日志和监控服务。日志模块记录了用户请求的操作命令，监控模块能够实时监控集群服务器的工作状态，它们主要为相关人员的运维工作提供方便，提升系统的可维护性。

使用内存缓存系统 LMCached 时，首先用户请求到达负载均衡层，通过负载均衡器中设置的负载策略，为用户请求选择负载较低的机器进行请求处理。系统控制层对用户请求的处理流程进行控制，分配代理，记录路由消息等，然后由代理机器将数据存储到系统的多级缓存架构中。多级缓存主要分为代理的本地缓存 Local Cache、分布式缓存和底层 MySQL 三层。公共服务层中的日志和监控模块主要部署在各台服务器上，搜集系统信息并为运维人员提供工作方便。

（三）负载均衡层优化设计

负载均衡技术指的是平衡服务器集群中所有服务器和应用程序面临的流量压力，这项技术普遍用来增加系统吞吐量，加强网络数据处理能力等。当系统在垂直扩展上花费的代价过大的时候，通常就采用负载均衡技术帮助系统进行水平扩展。

1. 常见负载均衡技术

负载均衡技术将服务器面临的压力进行合理的分配，保证每台服务器的负载不会超过自身的处理能力，保证了系统的高可用性和高性能。下面对常见的负载均衡技术进行介绍。

（1）HTTP 重定向：当用户在提交 HTTP 请求的时候，为了减小网络时延，节约网络带宽，后台会重定向用户请求到一台"最合适"的服务器上进行处理，但是 HTTP 重定向负载均衡系统的性能受限于主站点的性能。

（2）DNS 负载：DNS 主要负责域名和 IP 地址的映射。它的具体实现是在 DNS 服务器中分配多个 IP 地址给同一个主机名，在应答 DNS 查询时，服务器按照 DNS 服务器中的配置文件按顺序依次返回 IP 地址给每个查询，将客户请求分发到不同的机器上实现负载均衡。

（3）反向代理：反向代理技术常常应用在外网机器需要访问内网的服务器集群的情境中。代理服务器接收外部的访问请求，会把请求转发给内网服务器，然后将得到的数据返回给用户。反向代理技术的实现减轻了服务器的负载，并对源服务器进行了负载均衡。

（4）LVS：LVS 是 Linux Virtual Server 的简写，指的是 Linux 的虚拟服务器，是一个虚拟的服务器集群系统。而 VS－NAT、VS－TUN 和 VS－DR 是 LVS 集群中最常用的三种 IP 负载均衡技术，后面会进行较为详细的介绍。

2. 系统负载均衡模型

为了实现 LMCached 系统的负载均衡，可以采用 Keepalived＋LVS 架构模型，在提升系统负载性能的同时，利用 Keepalived 技术保证高可用性。

在 LVS 集群系统中一般有这几个角色：Director（调度器）、Realserver（真正提供服务的后台服务器）、VIP（公网 IP，负责接收用户请求）和 DIP（调度器和 Realserver 之间的通信地址）。在集群中实现负载均衡主要有三种方式：NAT、DR 和 TUN。

LVS－NAT：它在网络层（IP 层）实现了负载均衡。用户对 LVS 集群进行请求时，首先会发送到调度器 Director，调度器会在后台的 realserver 中选择一台机器的 IP 作为它的新目的地址，替换掉原来的目的地址。当 realserver 完成数据处理后，会将数据包返回给调度器，调度器会把数据包中的目的 IP 地址重新修改为自己的地址，从用户的角度来看就像是调度器自己完成了这次数据请求，中间过程对于用户来说是完全透明的。

LVS－DR：LVS－DR 模式是在数据链路层实现的负载均衡。DR 模式的原理是在处理客户请求时，将请求报文中的目的 mac 地址修改为调度器选出的负载 Realserver 的 mac 地址。当后台 Realserver 处理完数据请求后，会把数据包发送到广域网上。由于不需要多次经过调度器，所以相比 NAT 模式来说，不存在调度器瓶颈问题。

LVS－TUN：LVS－TUN 模式又被称为 IP 隧道技术，它是为了改善 DR 模式中只能处理同一网段而提出的新模式。客户端请求首先还是会发送到调度器，调度器会根据负载策略为该请求获取一台 Realserver，然后调度器在原来的数据包基础上再进行一次打包，并将 Realserver 的 IP 地址作为新包的目的地址，打包完成后将新数据包发送给 Realserver 处理请求。后台 Realserver 处理完成后，不会再把数据发给调度器，而是直接将数据返回给客户端。IP 隧道技术和 DR 模式一样没有调度器的性能瓶颈问题，但是由于需要频繁的打包和解包，也会对系统性能造成一定的影响。

本节在设计负载均衡策略时采用了 LVS/DR 模式，即在数据链路层通过修改 mac 地址实现负载均衡。但是考虑到 LVS 本身并不具备健康检查的机制，故使用 Keepalived 技术来进行辅助，提升系统在负载模块的高可用性。在 LVS 集群中如果 Director 调度器出现问题，那么系统负载均衡功能将会失效，无法有效地将海量请求分摊到各台 Realserver 上，最终导致整个系统出现故障。而 Keepalived 机制能够将请求分发工作从 Director master 转移到 Director slave 上，在 master 出现故时候仍然能够通过 slave 机器提供负载功能。

（四）系统控制层优化设计

系统控制层是 LMCached 缓存系统的第二层，主要功能是实现用户请求的读写分离，存储路由信息和系统配置文件管理。这些功能保证了系统能够正常处理用户的数据请求。读写代理模块提升了系统对于海量请求的并发处理效率，路由信息存储功能记录了键值对的存取信息，配置文管理模块通过接口函数实现了对系统配置的规范管理。

1. 读写代理模块优化设计

一般将用户的请求分为读和写两种类型，考虑到内存缓存系统的大部分应用场景中读操作数远远超过写操作数，所以有必要将用户的读写逻辑区分开来进行处理。读写代理模块中针对用户不同类型的请求抽象出了读代理和写代理对象，不同的代理对象只处理相应类型的请求。为了保证代理集群的可靠性，在集群中设立了故障处理机制来解决写代理的单点失效问题：在写代理宕机的时候系统能自动选出新的写代理，保证代理集群中在任何时刻有且只有一台写代理用来处理用户的写请求。

2. 路由信息模块设计

路由信息模块记录了系统数据的路由信息，信息表结构见表 5 - 1。

表 5 - 1　路由信息表

字段名	备注	数据类型	主键
key	键值	varchar（50）	是
master - id	主集群机器号	int	—
slave - id	备集群机器号	int	—
old - version	旧版本号	int	—
new - version	新版本号	int	—

为了解决 Memcached 内存数据库自身的单点失效问题，LMCached 内存缓存系统中设置了两个集群：主集群和备集群，两个集群中的机器一一对应，互为主备。通过客户端的一致性哈希算法，对于不同的 key 值可以找到它在主备集群中的存储服务器信息并记录在表中的 master - id 和 slave - id 字段。

写代理在处理用户写请求的时候，会把数据写入到主集群编号为 master - id 的机器上，写操作完成后会修改 key 值对应的 new - version 字段表示数据有更新。备集群会通过线程监听的方式了解到主集群有数据更新，它就会发起数据同步操作，在同步完成后就会更新路由信息表中的 old - version 字段。

读代理在处理用户读请求的时候，会首先查看自己的本地缓存中有没有这个键值对信息，如果没有，就会去查看路由信息表中 old - version 和 new - version 是否相等。相等说明主备集群中的数据已经同步，可以直接从备集群中获取到数据；如果不相等，说明主集群更新了数据，但是备集群还没有同步过来，这个时候它会去到主集群中，访问机器号为 master - id 的机器获取数据，并通知备集群进行数据同步。

路由信息模块除了维护信息表，也为访问主备集群时可能出现的数据不一致问题提供了帮助，这部分将在数据处理层中进行描述。

3. 配置管理模块优化设计

配置管理模块负责管理系统的配置文件，在各个模块进行系统初始化的时候，可以通过该模块提供的接口函数对自己关心的配置项进行访问。系统配置文件中包含以下参数：①代理服务器的总数；②负载均衡中调度器的VIP；③代理中主线程监听网络请求的端口号；④是否开启代理上的本地缓存服务；⑤代理上本地缓存的大小；⑥存储服务器上分布式缓存的大小；⑦网络通信延时时间；⑧锁分离时的分块数。

除了提供参数，在系统中出现故障，如写代理宕机，端口号需要变更等，还必须保证配置文件的自动修改操作。通过对配置文件的使用接口进行抽象，配置管理模块需要提供下列基本接口函数，如图 5-6 所示。

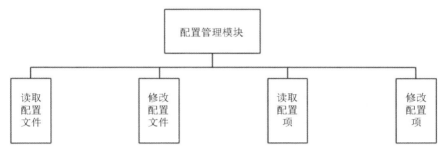

图 5-6　配置管理模块功能图

（五）数据处理层优化设计

数据处理层是 LMCached 系统的第三层，主要负责数据的具体存储工作以及数据的容灾处理。考虑到 Memcached 本身的锁机制以及存在的单点故障问题会影响到系统的可用性和并发性，数据处理层从哈希表锁机制，多级缓存，主从备份等多个方面对原有的 Memcached 进行了优化。

1. 数据存储模块设计

数据存储模块主要有两个部分：数据存储路径和多级缓存。下面按照数据存储的流程对两个功能进行详细设计。

（1）数据访问路径。用户在访问数据的时候，如果所有的数据都集中存放在一台机器上，就必然会增加机器的负载，影响用户数据请求的处理效率。针对这种情况，需要对用户请求进行合理的负载，利用分布式技术提升系统的高并发处理能力。

LMCached 内存缓存系统的实现是基于 Memcached 的。在原生的 Memcached 服务器集群中，服务器之间互相不能通信，它的分布式完全由客户端实现。Memcached 的客户端会根据一致性哈希算法计算出服务器节点的哈希值，然后将节点分散到 2 的 32 次方的圆上。当用户对 Memcached 的数据进行请求的时候，根据 key 值进行哈希计算，得出来的结果属于哪个区间就到该服务器节点上进行数据请求。如果没有对应的哈希值，就会顺时针寻找，直到找到服务器节点为止。当数据的存储量过大的时候，底层的服务器集群需要添加新的服务器节点进行横向扩展。新添加进来的机器首先会利用自己的 IP 地址计算出它在圆环中对应的一致性哈希值，然后直接添加到存储集群中。

基于 Memcached 客户端对于 key 的一致性哈希处理，本系统实现了数据的分布式存储。但是在对自身哈希表的管理上，Memcached 采用的锁机制是直接锁住整张表，可以考虑使用锁分离策略降低锁粒度，提升系统对于数据的并发读取能力。

Memcached 在启动的时候会初始化一个哈希表，这个哈希表默认长度为 65536，主要用于通过 key 值快速查询数据库中的缓存数据。在面对高并发的时候，哈希表难免会遇到频繁加锁的情况，考虑到线程的同步访问，同一时间只能有单个线程去访问哈希表，其他线程都只能阻塞等待。为了解决这个问题，把原有的哈希表进行适当的分块，一个分块称它为 partition。每个 partition 上都有自己的锁，原有的哈希表通过分块后从整张表一个锁转变为一张表多个锁，降低了锁粒度。相比起原来的模型，当一个用户请求需要修改哈希表的时候，只会有一个 partition 被锁住，其他 partition 还能够继续为其它用户提供数据服务，有效提升了系统的并发能力。

（2）多级缓存。对于内存的使用，比较常见的使用方式有两种：预先分配和动态分配。动态分配方式普遍基于 malloc/free 函数实现，由于使用内存的时候需要花费额外的分配时间，动态分配的效率比预先分配要低一些。但是，使用动态分配的方式减少了系统的内存碎片，节约了内存空间。Memcached 内部使用了 Slab Allocator 预先分配内存的方式来进行内存管理，利用空间消耗降低了系统处理时延。在处理内存碎片的问题上，它有着自己一套完善的机制，这里不对算法进行详细描述，只介绍几个算法中的基本概念。

· Page：默认大小为 1M，分配给 Slab Class 之后根据设定值分割为多个 Chunk。

· Chunk：实际缓存数据的内存空间。

· Slab Class：内存大小一样的 Chunk 块集合。

· Item：键值数据的实际存储结构，包含公共属性和数据两部分。

多级缓存中的分布式缓存就是依赖于 Memcached 的 Slab Allocator 机制实现的。为了提升用户对于数据的访问效率，除了分布式缓存以外，还可以在系统控制层的代理模型中建立一层本地缓存 Local Cache。

代理模型中实现的 Local Cache 是在代理本地内存中单独分配了一块缓冲区，缓冲区中存放着最近插入和查询的键值对，当用户请求到来的时候首先会在代理上检查数据是否存放在 Local Cache，如果没有找到才会进入到 Memcached 缓存中查找。考虑到随着时间的推移，缓冲区大小总会被占满，所以在缓冲区的设计上采用了 LRU 算法对数据进行淘汰管理。LRU 算法即最近最久未使用算法，当内存空间满的时候，算法会在现有数据中选择最近最久没有被使用的数据淘汰掉，为新数据留出空间。由于 LRU 算法的实现机制比较简单，对内存空间的利用率高，特别是在处理热点数据的时候效果很好，所以采用 LRU 算法对代理本地的 Local Cache 进行管理。

2. 数据容灾模块优化设计

Memcached 的服务器端之间互相不能通信，只能由客户端通过一致性哈希算法实现分布式，这种模式中系统的存储服务器端有单点失效的隐患。如果某台存储服务器宕机，那么这台服务器上的所有缓存数据都会丢失，对于用户来说，当需要访问的数据位于宕机服务器上时，内存缓存系统处理数据请求的整体效率会出现较大波动。但是 Memcached 本身并没有提供相关容灾机制，考虑到系统的高可用性，本小节设计了数据容灾模块来优化这类问题。

（1）主备集群。LMCached 中设立了主备集群机制，利用 Memcached 客户端采取一致性哈希算法对数据进行分布式存储的机制，建立了主备集群存储服务器的一一对应关系并记录在路由信息表中。同时将用户请求的读写操作分到了两个集群上处理，主集群只处理写请求，备集群只处理用户读请求。相比起传统的 Memcached 部署，主备集群机制将用户的请求压力分摊到了两个集群上，降低了单位时间内的系统负荷。

在多级缓存流程介绍图中讲解了加入主备机制后读请求的处理过程，下面对写请求和出现故障的处理流程进行介绍。

·写请求处理流程。根据本小节设置的读写代理和主备集群机制，指定了数据在进行修改时都是由写代理对主集群进行操作的。备集群和主集群之间设立了监听线程，当主集群发生数据更新时，备集群会向主集群发起操作命令的获取请求。在收到主集群的操作命令后，备集群会同步自己的数据，保证系统提供服务时的数据一致性。处理写请求各个部分之间的时序图如图 5 - 7 所示。

·故障处理。这里的故障处理主要针对的是单点失效的问题。首先给出这部分的模型图，如图 5 - 8 所示。

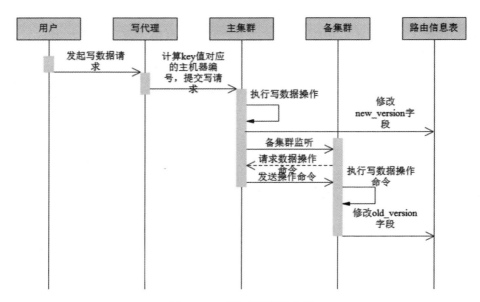

图 5 - 7　写请求处理时序图

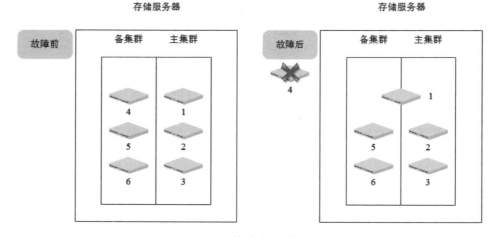

图 5 - 8　故障处理模型图

从故障处理模型图中可以看出，在故障发生前，主备集群的机器是一一对应的，如机器 1 和机器 4 是互为主备的。在 4 号机器出现故障后，1 号机器就会同时担任主备集群的存储服务器角色，不仅提供数据的写服务，还提供数据的读服务。换句话说，当主备集群中任一机器出现故障无法访问时，和它对应的那台机器就恢复为传统 Memcached 存储服务器的工作模式，采用这样的故障处理机制在一定程度上解决了单点失效问题。

通过路由信息表中存储的主备机器对应关系，以及主备集群之间的同步备份操作，本小节实现了系统存储服务器的故障处理功能。

（2）主从备份。通过 Memcached 客户端的一致性哈希算法，本小节将主备集群中的存储服务器进行了一一对应，应对传统 Memcached 中的单点失效问题实现了主备集群之间的同步备份工作。

本小节设计的同步备份是基于用户的操作命令日志实现的。在主集群上使用 master－log 文件记录用户的操作命令，并运行一个线程 log－dump。当备集群向主集群机器发起命令日志请求的时候，主集群机器就会调用 log－dump 发送自己的 master－log；同样的，在备集群中也有着一个 slave－log 文件，每当收到了主集群机器的 master－log，就会增量地写到 slave－log 中。备集群上还运行着 log－require 线程和 SQL 线程。Log－require 线程监听着主集群机器，一旦发现有数据更新操作，就会向主机器发起 master－log 的文件请求。SQL 线程主要用来实现内存数据库的操作，当 slave－log 再进行增量时，SQL 线程负载执行这些增量操作进行数据同步。

由于在进行数据处理时可能由于网络原因，导致主备集群上的数据出现不一致的情况，在提供数据服务的时候应该尽量地避免。常见的数据一致性问题处理方法有下面 3 种。

①半同步复制。当主集群收到写操作后，将数据更新到内存数据库中，更新完成后并不立刻返回，而是通知备集群进行数据同步，只有当备集群数据同步操作完成后，主集群才会返回操作执行完成。

②强制读主库。为了避免由于同步操作时延引起的数据不一致性，可以将数据的读取和写入操作都指定到主集群机器，备集群只是单纯地进行数据备份，而不是协助主集群提供数据服务。在这种方法中，所有的读操作都强制要求访问主集群的存储服务器。

③数据库中间件。通过数据库中间件，将用户的读请求路由到备集群，写请求路由到主集群，记录所有执行写操作 key 的路由信息。如果有读请求访问备集群时发现数据不是最新，就可以将这个请求路由到主集群的存储服务器上。

根据本小节的系统设计，本小节决定借用数据库中间件的思想。当有写请求到来的时候，在路由信息表中记录该 key 值以及对应的主备集群机器信息和 new - version 字段。如果用户在读取数据时发现 old - version 和 new - version 字段不同，说明备集群中不是最新数据。通过主备集群机器的对应信息，可以将此次读请求路由到对应的主集群存储服务器上，保证了数据的一致性。

（六）公共服务层优化设计

公共服务层是 LMCached 系统的第四层，负责为其他层次服务，同时为相关人员对系统的运维工作提供了方便。它主要包含日志记录和实时监控两个功能。

1. 日志模块设计

日志模块的主要功能是记录用户对系统的操作过程，它为运维人员提供了技术支持，是非常重要的一个环节。

日志模块中本书采用的是多线程监听，异步写缓冲区的工作模式，在每个代理上都设置有一个线程搜集用户的处理命令，当用户请求到来的时候，代理处理自己的工作，而后台的监听线程会异步的将操作命令写到日志缓冲区中。采取异步的方式是因为对于日志记录来说，如果每次在写日志的时候都需要阻塞在 I/O 上，将会导致系统的性能降低，一个好的日志记录模块必须要支持以缓冲的方式记录日志。日志记录的模型如图 5 - 9 所示。

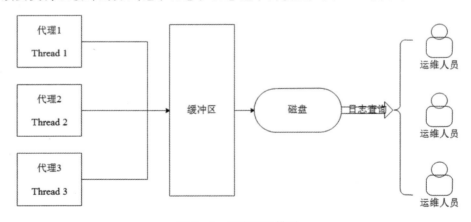

图 5 - 9　日志记录模型

日志记录中由于使用了多线程模式，所以需要考虑到写缓冲区时的线程安全的问题。本小节采用了锁机制来对多线程的并发访问进行控制，比较常见的锁有互斥锁、读写锁和自旋锁。由于这里主要是日志记录，即写操作比较多，所以排除了读写锁，它比较适用于读操作比写操作多的情况。同时考虑到代理的数量比较大，如果采用自旋锁，那么监听线程的个数会比较多，即当某个线程写缓冲区的时候，其他多个线程都是自旋阻塞等待，会占用系统较多的资源，为了保证多线程访问时的数据安全本小节选用了互斥锁机制进行访问控制。

2. 监控模块设计

监控模块可以帮助了解系统中各台服务器的工作状态，及时处理机器故障问题，方便了运维人员对于系统的规范化管理工作。监控模型如图 5 - 10 所示。

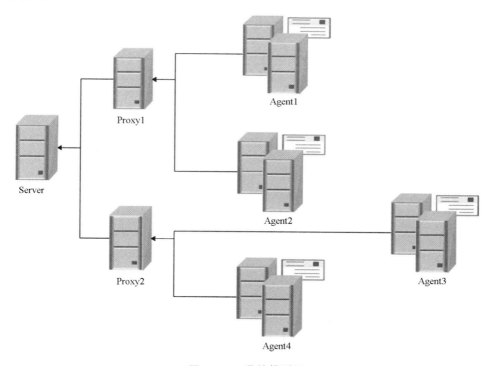

图 5 - 10 监控模型图

Server：监控系统的总控制端，负责汇总所有 Proxy 提交上来的 Agent 状态信息。

Proxy：监控代理，监控系统中的中间层，负责上报自己管理的 Agent 监控信息。

　　Agent：监控客户端，部署在每台服务器上，查看机器的工作状态并上报给对应的 Proxy。

　　检测物理服务器的工作状态本小节采用的是心跳包机制，在系统配置文件中设置了 timeout 时间，如果 Proxy 在发送心跳包后，经过 timeout 时间仍然没有收到某台 Agent 的回复，那么将会上报给 Server 这台 Agent 已经宕机。Server 端在机器信息进行汇总后会生成机器的信息表，表中包括机器的 IP 信息和状态信息，状态信息中用 1 标识正常运行，0 标识出现故障。对于出现故障的机器，在生成机器信息表的时候，会把故障机器的信息放到表头，保证运维人员能够第一时间发现并处理系统故障。

　　通过服务端，代理和客户端的三层模型，服务器工作状态能够得到有效的监控，对于运维人员来说，他们只需要查看 Server 端的汇总监控信息就可以了解到整个集群中所有服务器的运行情况，方便了对整个集群的管理工作。

第六章

云计算环境下的数据安全与恢复技术研究

云计算在改变 IT 世界的同时，也在催发新的安全威胁出现。云计算的安全问题无疑是云计算应用最大的瓶颈和顾虑。云计算拥有庞大的计算能力与丰富的计算资源，越来越多的恶意攻击者正在利用云计算服务实施恶意攻击。因此，云计算安全技术将越来越重要。

第一节　云计算安全问题分析及应对

一、云计算安全问题

解决云计算安全问题应针对威胁，建立一个综合性的云计算安全框架，并积极开展对各个云安全的关键技术研究。云计算安全技术框架如图 6 - 1 所示。云计算安全技术为实现云用户安全目标提供了技术支撑。

安全性之所以成为云计算用户的首要关注点，主要基于以下几个原因。

首先，云计算应用导致信息资源、用户数据、用户应用的高度集中，一旦云计算应用系统发生故障，对用户的影响将非常大，如图 6 - 2 所示。

其次，云计算应用数据具有无边界性和流动性的特征，使其面临较多新的安全威胁。另外，云计算应用数据、API 的开放性，也使其更容易遭受外界的攻击，安全风险增加。

最后，云计算应用的数据分布式存储，对数据的安全管理，如数据隔离、灾难恢复等增加了难度。

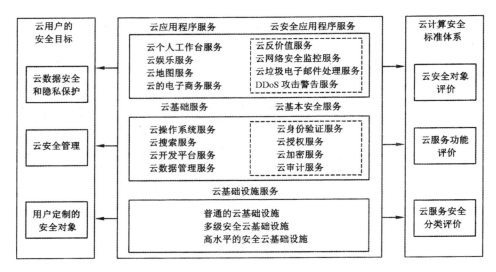

图 6 - 1   云计算安全技术框架

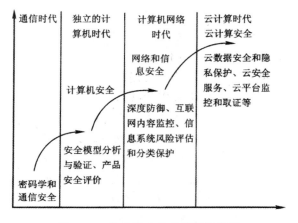

图 6 - 2   信息安全技术发展阶段图

二、云计算安全问题的应对

(一) 4A 体系建设

与传统的信息系统相比，大规模云计算平台的应用系统繁多、用户数量庞大，身份认证要求高，用户的授权管理更加复杂，等等。在这样的条件无法满足云应用环境下用户管理控制的安全需求。因此，云应用平台的用户管理控制必须与 4A 解决方案相结合，通过对现有的 4A 体系结构进行改进和加强，实现对云用户的集中管理、统一认证、集中授权和综合审计，使得云应用系统的用户管理更加安全、便捷。

4A 统一安全管理平台是解决用户接入风险和用户行为威胁的必需方式。如图 6-3 所示，4A 体系架构包括 4A 管理平台和一些外部组件，这些外部组件一般都是对 4A 中某一个功能的实现，如认证组件、审计组件等。

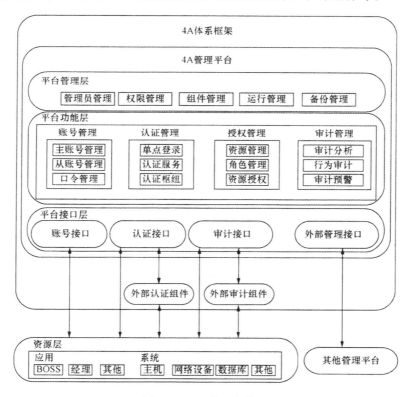

图 6-3 4A 体系架构图

4A 统一安全管理平台支持单点登录，用户完成 4A 平台的认证后，在访问其具有访问权限的所有目标设备时，均不需要再输入账号口令，4A 平台自动代为登录。图 6-4 是用户通过 4A 平台登录云应用系统时 4A 平台的工作流程，即对用户实施统一账号管理、统一身份认证、统一授权管理和统一安全审计。

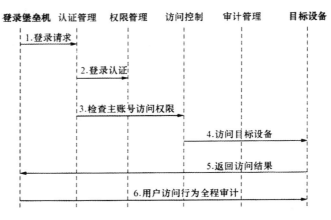

图 6 - 4　4A 平台工作流程

（二）身份认证

云应用系统拥有海量用户，因此基于多种安全凭证的身份认证方式和基于单点登录的联合身份认证技术成为云计算身份认证的主要选择。

1. 基于安全凭证的身份认证

为了解决云计算中的多重身份认证问题，基于多种安全凭证的身份认证技术应运而生，最常用的是基于安全凭证的 API 调用源鉴别。

在云计算中，基于安全凭证的 API 调用源鉴别的基本流程如图 6 - 5 所示。首先，用户利用安全凭证中的密钥对 API 请求的部分内容创建一个数字签名，然后验证服务器对该签名进行验证，鉴别 API 调用源是否合法。只有签名通过验证，用户才能对相应的 API 进行访问；否则，返回拒绝访问信息。

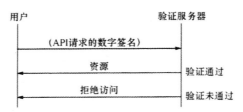

图 6 - 5　基于安全凭证的 API 调用源鉴别基本流程

2. 基于单点登录的联合身份认证

云计算中另一种迅速发展的身份认证技术是基于单点登录（single signon，SSO）的联合身份认证技术。用户在完成一项工作的过程中往往要登陆不同的云服务平台，进行多次身份认证，这样不仅降低了工作效率，还存在账号口令泄露的风险。云联合身份认证技术就是为了解决这一问题，用户只需要在使用某个云服务时登录一次，就可以访问所有相互信任的云平台。单点登录方案是实现联合身份认证的有效手段，目前许多云服务提供商都支持基于单点登录的联合认证。

（三）安全审计

根据 CC 标准功能定义，云计算的安全审计系统可以采取如图 6-6 所示的体系结构。

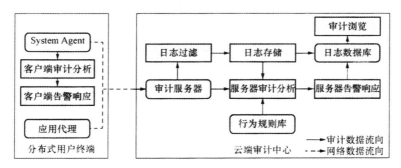

图 6-6 云计算安全审计系统

云计算安全审计系统主要是 System Agent。System Agent 嵌入到用户主机中，负责收集并审计用户主机系统及应用的行为信息，并对单个事件的行为进行客户端审计分析。System Agent 的工作流程如图 6-7 所示。

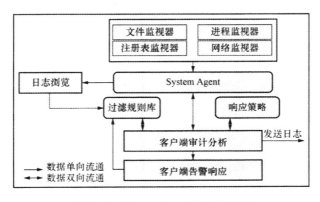

图 6-7 System Agent 的工作流程

第二节　云数据安全技术分析

一般来说，云数据的安全生命周期可分为六个阶段，如图 6-8 所示。在云数据生命周期的每个阶段，数据安全面临着不同方面和不同程度的安全威胁。

图 6-8　云数据的安全生命周期

一、数据完整性的保障技术

在云存储环境中，为了合理利用存储空间，都是将大数据文件拆分成多个块，以块的方式分别存储到多个存储节点上。数据完整性的保障技术的目标是尽可能地保障数据不会因为软件或硬件故障受到非法破坏，或者说即使部分被破坏也能做数据恢复。数据完整性保障相关的技术主要分两种类型，一种是纠删码技术，另一种是秘密共享技术。

（1）纠删码技术的总体思路是：首先将存储系统中的文件分为 K 块，然后利用纠删码技术进行编码，可得到 n 块的数据块，将行块数据块分布到各个存储节点上，实现冗余容错。一旦文件部分数据块被破坏，则只需要从数据节点中得到 m（$m \geqslant k$）块数据块，就能够恢复出原始文件。其中 RS 码是纠删码的典型代表，被广泛应用在分布式存储系统中。RS 编码通常可分为两类：一类是范德蒙 RS 编码（Vandermonde RS code）；另一类是柯西 RS 编码（Cauchy RS code）。RS 编码的过程如图 6-9 所示。

在使用纠删码进行恢复时，若上述的示例中有少量 m（$m \leqslant 3$）个数据块损坏（如图 6-9 中的 D_1、D_4、D_2），则删去损坏的 m 个数据分块各自在生成矩阵 B 中对应的行（图 6-1 中为 B 的第 1、4、6 行），得到新的 $k \times k$（图中为 5×5）阶生成矩阵 B'，将剩余的数据块按其中纠删码中的次数排成 $1 \times k$（1×5）阶矩阵（图中 Survivors，记为 S）。

此时，有等式 $B'D = S$。首先针对 B' 生成矩阵求其逆矩阵，得 $(B')^{-1}$。因此得到以下等式：

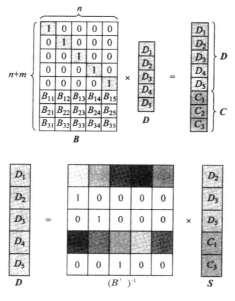

图 6 - 9　RS 编码原理

$$(B')^{-1}B'D = (B')^{-1}S$$

即

$$D = (B')^{-1}S$$

由此可以看出，丢失的数据分块不超过 m 块时，就不会影响原数据文件的恢复。

在纠删码编码过程中最为关键的就是生成矩阵的确定。对原始数据进行恢复的时候，需要对生成矩阵的子矩阵进行求逆，因此生成矩阵必须要保证其子矩阵为可逆矩阵，也即 n 阶矩阵 A 的行列式不为零，$|A| \neq 0$，为非奇异矩阵。上述的两类主要 RS 编码：范德蒙 RS 编码和柯西 RS 编码，其生成矩阵分别为范德蒙矩阵和柯西矩阵。其中范德蒙矩阵为以下形式的矩阵，其中各元素 $V_{i,j} = \alpha_i^{j-1}$，$\alpha_i \in \mathrm{GF}(P^r)$，$P$ 为素数，r 为正整数。

$$V = \begin{bmatrix} 1 & \alpha_1 & \alpha_1^2 & \cdots & \alpha_1^{n-1} \\ 1 & \alpha_2 & \alpha_2^2 & \cdots & \alpha_2^{n-1} \\ 1 & \alpha_3 & \alpha_3^2 & \cdots & \alpha_3^{n-1} \\ \vdots & \vdots & \vdots & \ddots & \vdots \\ 1 & \alpha_m & \alpha_m^2 & \cdots & \alpha_m^{n-1} \end{bmatrix}$$

N 阶范德蒙矩阵的行列式值为

$$\det(V) = \prod_{1 \leqslant i < j \leqslant n} (\alpha_j - \alpha_i)$$

由上述式子可以看出，N 阶范德蒙矩阵及其任意子矩阵都为可逆矩阵。因此，针对 N 阶范德蒙矩阵进行线性变换，变换成如图 6 - 9 中的 B 矩阵形式，就可以作为纠删码的生成矩阵。

（2）在秘密共享（Secret Sharing）方案中，一段秘密消息被以某种数学方法分割为 n 份，这种分割使得任何 $k(k < m < n)$ 份都不能揭示秘密消息的内容，同时任何 m 份一起都能揭示该秘密消息。这种方案通常称为 (t, n) 阈值秘密共享方案。通过秘密共享方案，只要数据损坏后，保留正常数据块不小于 m 份，即可实现对最初文件数据的恢复。其实现的过程如下：

①初始化阶段。分发者 D 首先选择一个有限域 GF(q)（q 为大素数），在此有限域内选择 n 个元素 $x_i(i=1, 2, \cdots, n)$，将 x_i 分发给 n 个不同的参与者 $P_i(i=1, 2, \cdots, n)$，x_i 的值是公开的。

②秘密分发阶段。D 要将秘密 s 在 n 个参与者 $P_i(i=1, 2, \cdots, n)$ 中共享，首先 D 构造 $t-1$ 次多项式，即

$$f(x) = s + a_1 x + a_2 x + \cdots + a_{t-1} x^{t-1}$$

其中 $a_i \in$ GF(q)，$i=1, 2, \cdots, t-1$ 且 a_i 是随机选取。

由 D 计算 $f(x_i)$ $(i=1, 2, \cdots, n)$，并将其分配给参与者 P_i 作为 P_i 的子秘密。

③秘密恢复阶段。n 个参与者中的任意 t 个参与者可以恢复秘密 s，设 $P_1, P_2, \cdots, P_t$ 个参与者参与秘密恢复，出示他们的子秘密，这样得到 t 个点 $(x_1, f(x_1)), (x_2, f(x_2)), \cdots, (x_t, f(x_t))$，从而有插值法可恢复多项式 $f(x)$，进而得到秘密 S。

$$f(x) = \sum_{i=1}^{t} f(x_i) \prod_{j=1, j \neq i}^{t} \frac{x - x_j}{x_i - x_j}$$

$$S = f(0) = \sum_{i=1}^{t} f(x_i) \prod_{j=1, j \neq i}^{t} \frac{-x_j}{x_i - x_j} \quad \bmod q$$

对于任意少于 t 个参与者无法恢复多项式，因而得不到关于秘密的任何消息。

二、数据完整性的检索和校验技术

(一) 密文检索

密文检索技术是指当数据以加密形式存储在存储设备中时，如何在确保数据安全的前提下，检索到想要的明文数据。密文检索技术按照数据类型的不同，分为三类：非结构化数据的密文检索、结构化数据的密文检索和半结构化数据的密文检索。

1. 非结构化数据的密文检索

非结构化数据的密文检索最早的解决方案发布于 2000 年，主要为基于关键字的密文文本型数据的检索技术。美国加州大学的研究者结合电子邮件应用场景，提出了一种基于对称加密算法的关键字查询方案，通过顺序扫描的线性查询方法，实现了单关键字密文检索。基于顺序扫描的线性查询方案中对明文文件进行加密的基本实现思想如图 6 - 10 所示。

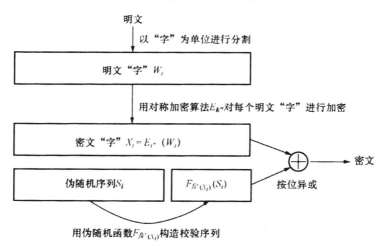

图 6 - 10 基于顺序扫描的线性查询方案中对明文文件进行加密的基本实现思想

2. 结构化数据的密文检索

结构化数据是经过严格的人为处理后的数据，一般以二维表的形式存在，如关系数据库中的表、元组等。在基于加密的关系型数据的诸多检索技术中，DAS 模型的提出是一项比较有代表性的突破，该模型也是云计算模式发展的雏形，为云计算服务方式的提出奠定了理论基础。DAS 模型为数据库用户带来了诸多便利，但用户同样面临着数据隐私泄露的风险，消除该风险最有效的方法是将数据先加密后外包，但加密后的数据打乱了原有的顺序，失去了检索的可能性，为了解决该问题，Hacigumus 等提出了基于 DAS 模型对加密数据进行安全高效的 SQL 查询的解决方案，该方案的实现框架如图 6-11 所示。

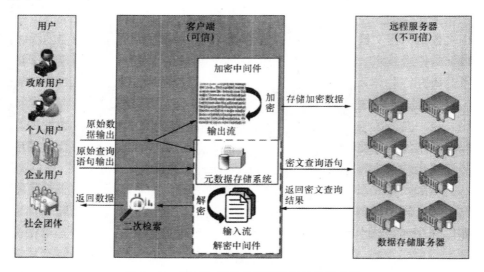

图 6-11　基于加密的关系型数据的检索方案

3. 半结构化数据的密文检索

半结构化数据主要来自 Web 数据、包络 HTML 文件、XML 文件、电子邮件等，其特点是数据的结构不规则或不完整，表现为数据不遵循固定的模式、结构隐含、模式信息量大、模式变化快等特点。在诸多基于 XML 数据的密文检索方案中，比较有代表性的方案是英属哥伦比亚大学的 Wang 和 Lakshmanan 于 2006 年提出的一种对加密的 XML 数据库高效安全地进行查询的方案。该方案基于 DAS 模型，满足结构化数据密文检索的特征，其基本架构和实现流程如图 6-12 所示。

（二）数据检验技术

目前，校验数据完整性方法按安全模型的不同可以划分为两类，即 POR（Proof of Retrieva bility，可取回性证明）和 PDP（Proof of Data Possession，数据持有性证明）。

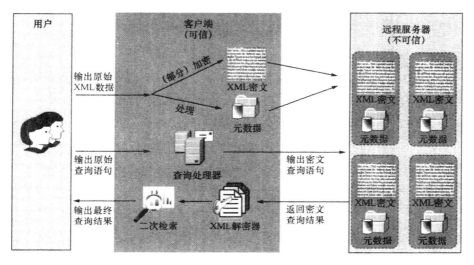

图 6 - 12　基于加密 XML 数据的检索方案

POR 是将伪随机抽样和冗余编码（如纠错码）结合，通过挑战—应答协议向用户证明其文件是完好无损的，意味着用户能够以足够大的概率从服务器取回文件。不同的 POR 方案中挑战—应答协议的设计有所不同。研究者给出了 POR 的形式化模型与安全定义。其方案如图 6 - 13 所示，在验证者之前首先要对文件进行纠错编码，然后生成一系列随机的用于校验的数据块，在相关文献中这些数据块使用带密钥的哈希函数生成，称为"岗哨"（Sentinels），并将这些 Sentinels 随机位置插入到文件各位置中，然后将处理后的文件加密，并上传给云存储服务提供商（Prover）。该方案的优点是用于存放岗哨的额外存储开销较小，挑战和应答的计算开销较小，但由于插入的岗哨数目有限且只能被挑战一次，方案只能支持有限次数的挑战，待所有岗哨都"用尽"就需要对其更新。

PDP 方案可检测到存储数据是否完整，最早是由约翰·霍普金斯大学（Johns Hopkins University）的 Ateniese 等提出的，其方案的架构如图 6 - 14 所示。这个方案主要分为两个部分：首先是用户对要存储的文件生成用于产生校验标签的加解密公私密钥对，然后使用这对密钥对文件各分块进行处理，生成 HVT（Homomorphic Veriftable Tags，同态校验标签）校验标签后一并发送给云存储服务商，由服务商存储，用户删除本地文件、HVT 集合，只保留公私密钥对；需要校验的时候，由用户向云存储服务商发送校验数据请求，

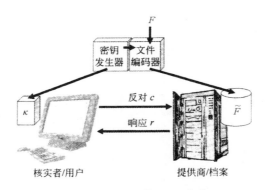

图 6-13　Juels 的 POR 方案

云服务商接收到后，根据校验请求的参数来计算用户指定校验的文件块的 HVT 标签及相关参数，发送给用户，用户就可以使用自己保存的公私密钥对实现对服务商返回数据，最终根据验证结果判断其存储的数据是否具有完整性。

Ateniese 方案的校验过程主要由以下步骤组成。

（1）首先是基于 KEA1−r 假定生成一对公私密钥 pk＝(N, g) and sk＝(e, d, v)。

（2）生成校验标签 HVT：使用私钥中 v，针对每个文件分块 m，设其在文件块中的序号为 i，将 v 与 i 连接在一起，组合生成一个 w，$w=v \| i$，再针对使用安全 Hash 函数 h 对 w 处理，生成 $h(w_i)$。再使用公钥 g，对文件分块 m 按下列公式计算，生成对应 i 序号文件分块 $T_{i,m}$，HVT 由（$T_{i,m}$, w_i）组成，即

$$T_{i,m} = (h(w_i) \cdot g^m)^d \bmod N$$

值得注意的是，这样处理之后文件分块 m 的 HVT 标签中 $T_{i,m}$ 保存了该文件分块序号，只是通过 h 函数掩藏起来，不向外透露。

（3）处理完成之后，用户将文件分块集合 $\{m_i\}$、公钥（N, g）、校验标签中的 $\{T_{i,m}\}$ 集合一起发送给云服务商，同时删除本地文件，只保留一对公私密钥。

（4）校验。用户发送校验请求，其组成为 $\langle c, k_1, k_2, g_s \rangle$，其中 c 为指定要校验的文件分块数，$k_1$ 是用于产生伪随机排序函数的 π 的参数，k_2 是用于产生伪随机数的函数 f 的参数，g_s 是用于验证本次校验结果的参数，相当于时间戳，以防止服务商使用以前校验的结果来冒充本次校验。

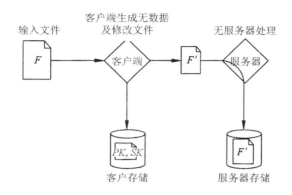

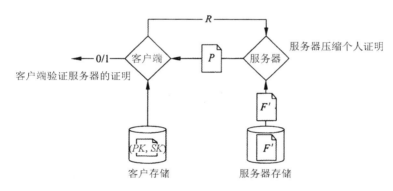

图 6 - 14 **Ateniese 等人的 PDP 方案**

（5）服务商在收到请求数据后，通过 c 次循环，计算 T 值，其中：

$$T = T_{i_1,m_{i1}}^{a_1} \cdot T_{i_2,m_{i2}}^{a_2} \cdot \cdots \cdot T_{i_c,m_{ic}}^{a_c} \cdot T_{i_j,m_{ij}}^{a_j} = ((h(w_{ij}) \cdot g^{m_{ij}})^d)^{a_j} \bmod n$$

式中，i_j 为函数 π 使用 k_1 参数产生第 j 个序号，a_i 为使用 f 函数利用 k_2 参数生成随机数，$T_{i_j,m_{ij}}^{a_j}$ 是序号为 i_j 的文件块的同态校验标签的 a_i 次方对 n 求余。值得注意的是，由于使用的 KEA1－r 假定具有乘法同态性，且第 j 个序号对应文件块的同态校验标签，以及公钥 n 都是服务商已知的。

（6）服务商继续计算 ρ 值

$$\rho = H(g_s^{a_{1m_{i1}}+a_{2m_{i2}}+\cdots+a_{cm_{ic}}} \bmod n)$$

式中，g_s 为用户发送的校验请求中的参数，a_j、m_{ij} 分别为伪随机函数生成的系数以及伪随机排序函数生成的第 j 位产生的序号所对应的文件分块。H 为加密 Hash 函数。

（7）服务商将〈T，ρ〉作为回复发回给用户。

（8）用户在得到回复后，由于已知 k_1、k_2 以及各相应的伪随机与伪随机排序函数，计算出伪随机排序函数产生的 C 个随机的序号，针对每个随机序号，可得 $W_j = v \parallel j$，$a_j = f_{k_2}(j)$，那么针对服务商发送过来的每个 $T^{a_j}_{i^a_j, m_{ij}}$，用户可以计算出

$$\tau_j = T^{a_j}_{i^a_j, m_{ij}} / h(w_j)^{a_j} \bmod n = g^{a_j \cdot m_j} \bmod n$$

$$\tau = \tau_1 \cdot \tau_2 \cdots \tau_c \bmod n$$

（9）最后判断 $H(\tau^s \bmod n) = \rho$，如果等式成立，则表明数据完整性校验成立。

上述的 PDP、POR 方案中由于需要用户生成校验数据，保留密钥等步骤，一方面对于非专业的用户比较复杂，另一方面密钥的保存也存在一定问题。所以针对这些问题，又有采用可信第三方（Third Party Auditor，TPA）代替用户审计云存储中用户数据的完整性。这个方案的架构中一共有三个角色，即用户、云服务商（Clud Server）和 TPA，如图 6-15 所示。

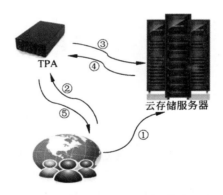

图 6-15　第三方代替数据完整性校验

基于 TPA 实现数据完整性校验主要是基于挑战—应答协议来完成的，其步骤如图 6-15 所示，用户先把自己的数据文件进入预处理，生成一些用于校验的数据，并上传到云计算服务商（第①步），然后将用于校验的数据上传给 TPA（第②步），TPA 根据用户校验的要求，定期向云存储服务商发送数据校验请求，也就是挑战（第③步），云存储服务商针对发送的数据完整性校验请求，按协议计算结果予以回复，即应答（第④步），TPA 根据服务商返回的回复计算校验结果，并将结果返回给用户（第⑤步）。引入 TPA 之后，

用户数据完整性的校验工作由 TPA 代替完成，作为可信的第三方 TPA 执行校验。

数据完整性校验是用户确保自己的数据完整、安全地存储在云服务器上。目前，数据删除证明方面的研究工作主要有 R. Perlman 等提出的 DRM（Data Right Management）模型及 Geambasu 等提出的 Vanish 模型，这两种模型实现的都是基于时间的文件确保删除技术，主要思路是将文件使用数据密钥加密，再对数据密钥使用控制密钥加密，控制密钥由独立的密钥管理服务来维护。当文件删除时，会声明一个有效期，有效期一过，控制密钥就被密钥管理服务删除，由此加密的文件副本将无法被解密，从而实现可靠的数据删除。

三、数据完整性事故追踪与问责技术

云计算包括三种服务模式，即 IaaS、PaaS 和 SaaS。在这三种服务模式下，安全责任分工如图 6 – 16 所示。

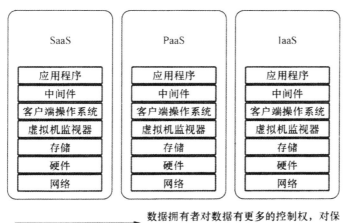

图 6 – 16　不同云服务模式下，云用户和云服务提供商的安全责任分工

从图 6 – 16 中可以看出，从 SaaS 到 PaaS 再到 IaaS，云用户自己需要承担的安全管理的职责越来越多，云服务提供商索要承担的安全责任越来越少。但是云服务也可能会面临各类安全风险，如滥用或恶意使用云计算资源、恶意的内部人员作案、共享技术漏洞、数据损坏或泄露以及在应用过程中形成的其他不明风险等，这些风险既可能是来自于云服务的供应商，也可能是来自于用户；由于服务契约是具有法律意义的文书，因此契约双方都有义务承

担各自对于违反契约规则的行为所造成的后果。在这种情况下，为使云存储安全的一个核心目标，可问责性（Accountability）① 应运而生，这对于用户与服务商双方来说都具有重要的意义。

目前对可问责性方面的研究工作还是比较少的，大部分研究都处于提出概念、需求和架构的层面。这其中，Kiran - Kumar Muni swamy - Reddy 等提出的解决方案比较有代表性，在其工作中称问责审计为云的溯源（Provenance for the Cloud），其溯源的定义为有向无环图（Directed Acyclic Graph，DAG）来表示，DAG 的节点代表各种目标，如文件、进程、元组、数据集等，节点具有各种属性，两个节点之间的边表示节点之间的依赖关系。在其文中先给出了云溯源方案应具备的 4 个性质：①独立性，云存储中的数据记录必须要与数据相独立，即便数据被删除了，记录也应该有保留；②可查询性，必须要支持对多个数据的记录实现有效的查询；③精确性，对于云存储中的数据记录必须要能与其记录的数据目标精确地匹配；④完整性，云存储中的数据变化过程因果逻辑关系记录要完整，不能有不确定的记录。

云溯源的技术方案是基于 PASS（Provenance Aware Storage System，溯源感知存储系统）系统的，PASS 是一种透明且自动化收集存储系统中各类目标溯源的系列，其早期是用于本地存储或网络存储系统，它通过对应用的系统操作调用来构建 DAG 图。例如，当进程对某文件发出"读"系统调用，则PASS 构建一条边记录进程依赖于某文件，若进程对某文件发现"写"系统调用，则 PASS 构建一条边从被写入的文件指向进程，表示被写入文件依赖于写进程。其实现的技术架构如图 6 - 17 所示。

云溯源方案共提出了 3 种不同的协议，都是通过已有的云服务来实现的，只是 3 种协议的复杂程度，使用的计算资源满足上述性质的要求各不相同。限于篇幅，本书仅介绍第三种协议，其协议过程如图 6 - 18 所示。

这个协议对照云溯源系统架构的两部分也分成两个阶段，第一阶段称为日志，第二阶段称为提交，分别简述如下。

（1）第一阶段是在客户端进行的，当用户的应用发出 CLOSE 文件或FLUAS 强行输出缓冲区数据调用时，执行下列动作。

①由客户端向 S3 云存储服务器先生成一个数据文件的副本，并使用临时文件名命名。

---

① 可问责性将实体和它的行为以不可抵赖的方式绑定，使互不信任的实体间能够发现并证明对方的不当行为。

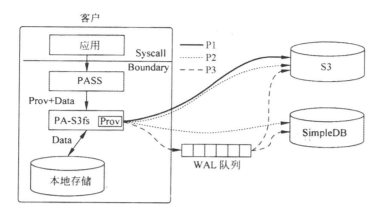

图 6 - 17　云溯源方案的技术架构

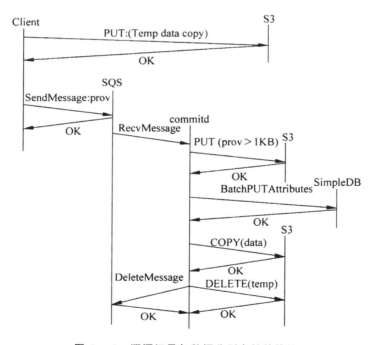

图 6 - 18　溯源记录与数据分别存储的协议

　　②对当前的日志事务（Log Transaction）生成一个 UUID（Universally Unique Identifier，通用唯一识别码），抽取出对应数据文件的溯源记录，将这些记录组织成 8KB 大小的块，并把这些块保存成日志记录（协议中的消

息），存放在 WAL 队列中，每个消息在前几位字节保存有事务的 ID 号及包的序号。

（2）第二阶段是当客户端 PA－S3fs 后台负责提交任务的服务进程收集齐属于一个事务的数据包，执行下列步骤。

①把任何大于 1KB 的溯源记录保存成单独的 S3 对象，并更新其属性值对以保留一个指向该 S3 对象的指针。

②使用 BatchPutAttributes 调用把溯源记录批处理存储到 SimpleDB，SimpleDB 允许用户一次调用中批处理 25 个项，进程执行多次调用直到把所有的项目保存完成。

③执行 S3 COPY 命令复制临时 S3 对象到其对应的持久性 S3 目标，更新其版本。

④执行 S3 DELETE 命令删除 S3 临时对象，使用 SQS DeleteMessage 命令从 WAL 队列中删除所有与本次事务相关的消息。

从上所述可以看出，Kiran－Kumar Muniswamy－Reddy 等提出的解决方案实质上基于云服务与本地客户端相互配合实现的，由客户端来收集用户操作数据的行为，并通过云服务来记录用户行为以及存储用户的数据目标。

在云计算中，为了抵御非授权访问导致的数据泄露、数据篡改和数据丢失，任何人对任何资源的访问都应该经过严格的权限控制。除了可以利用访问控制策略来控制访问之外，还可以利用密文机制实现访问控制，即先对数据进行加密，只有具备相应密钥的授权用户才能解密密文。近年来，密码学为访问控制技术的研究注入了新的活力，许多高安全性的访问控制技术在云计算中有广阔的应用前景。

KP－ABE 方案（图 6－19）最早由加州大学的 Goyal 等提出。该方案访问控制策略由消息接收方制定，且支持属性的与、或和门限控制操作。消息接收方采用树结构描述访问策略 $A_{u.KP}$，在消息接收方私钥生成阶段，授权机构需要根据消息接收方访问策略 $A_{u.KP}$ 来产生对应的私钥。在解密阶段，消息接收方要首先判断密文属性集 A_C 是否满足访问策略 $A_{u.KP}$ 的要求，只有在满足的情况下才能解密密文，读取明文信息。

CP－ABE 方案（图 6－20）最早由卡内基梅隆大学的 Bethencourt 等于 2007 年提出。该方案中，访问控制策略由消息发送方制定，且支持属性的与、或和门限控制操作。消息接收方的私钥 SK 和消息接收方的属性集 Au 相关，消息发送方采用树结构描述访问策略 $A_{C.CP}$，只有在 Au 满足 $A_{C.CP}$ 时，消息接收方才能解密密文，读取明文信息。

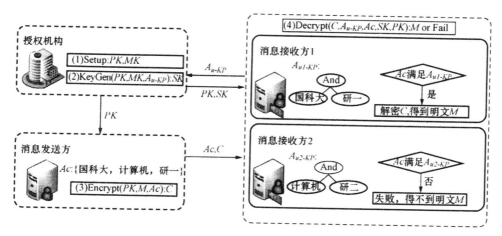

图 6-19 密钥策略属性基加密（KPABE）方案

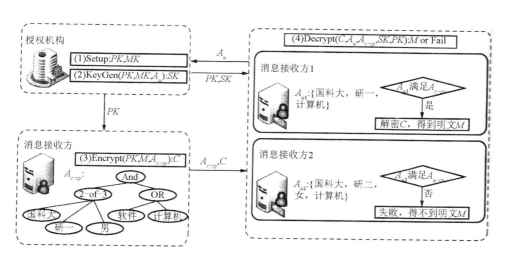

图 6-20 密文策略属性基加密（CPABE）方案

美国加州大学的学者和斯坦福大学的学者在密码-欧洲密码的进展（Advances in Cryptology - EUROCRYPT）会议上发表论文，首次提出属性基加密（attribute. based encryption，ABE）方案，实现了基于属性的加解密。该方案的基本思想是当一个用户向多个用户发送一份加密的文件，只有那些包含特定属性集的用户可以对这份文件进行解密，读取文件的内容。该方案是用密码学方法实现文件访问控制的典型实例。利用 ABE 方案，用户的数据可以存储在不可信的服务器上，而不必担心非授权用户会对其进行非法访问。该方案的基本框架如图 6-21 所示。

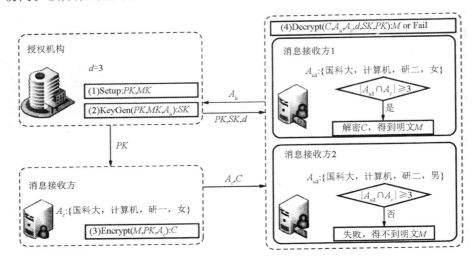

图 6-21　属性基加密（ABE）方案

四、数据访问控制

在云计算环境下，数据的控制权与数据的管理权是分离的，因此实现数据的访问控制只有两条途径，一条是依托云存储服务商来提供数据访问的控制功能，即由云存储服务商来实现对不同用户的身份认证、访问控制策略的执行等功能，由云服务商来实现具体的访问控制；另一条则是采用加密的手段通过对存储数据进行加密，针对具有访问某范围数据权限的用户分发相应的密钥来实现访问控制。这两种方法显然比第一种方法更具有实际意义，因为用户对于云存储服务商的信任度也是有限的，因此目前对于云存储中的数据访问控制的研究主要集中在通过加密的手段来实现，研究的内容即是制定相应的加密算法及相关的访问控制机制。以下是具有一定代表性的解决方案。首先介绍其方案中使用与加密相关的背景知识，具体如下。

定义 6.1　正整数 a、b、N，其中 a、b 称为同余，则当且仅当，$a \bmod N = b \bmod N$。

定义 6.2　两个整数 a、b 称为互素（或互质），则有，$\gcd(a, b) = 1$，其中 gcd 为最大公约数。

定义 6.3　欧拉 $\varphi(N)$ 函数，为小于 N，且与 N 素的所有整数的数目。以下是欧拉 $\varphi(N)$ 函数的一些重要性质。

（1）$\varphi(N)=N-1$，如果 N 为素数的话。

（2）$\varphi(N)=\varphi(N_1)*\varphi(N_2)*\varphi(N_3)*\cdots*\varphi(N_k)$，如果 $N=N_1*N_2*N_3*\cdots*N_k$，且 N_1、N_2、N_3、$\cdots$、N_k 两两互素。

定理 6.1　欧拉定理，对于任意互素的 a 和 N，有

$$a^{\varphi(n)}\equiv 1(\mathrm{mod}n)$$

推论 6.1　如果有 $0<m<N$，并且 $N=N_1*N_2*N_3*\cdots*N_k$，且 N_1、N_2、N_3、$\cdots$、N_k 两两互素，则有

$$m^{x\varphi(N)+1}\equiv m\,\mathrm{mod}N$$

定义 6.4　密钥 $K=\langle e,N\rangle$ 其中 e 是指数，而 N 为 K 的基，N 由不同的素数生成，$N\geqslant M$。

定义 6.5　针对数据 m 使用密钥 K 进行加密，记作 $[m,K]$，计算过程如下：

$$[m,\langle e,N\rangle]=m^e\,\mathrm{mod}N$$

定义 6.6　针对密钥 K 的解密密钥记做：$K-1=\langle d,N\rangle$，其中 d 与加密密钥 $\langle e,N\rangle$ 满足

$$ed=1\mathrm{mod}N$$

定理 6.2　对于任意的数据 m 有

$$[[m,K],K^{-1}]=[[m,K^{-1}],K]=m$$

式中，K、K^1 叫互为加解密密钥。

定义 6.7　互兼容密钥：若有两个密钥 $K_1=\langle e_1,N_1\rangle$，$K_2=\langle e_2,N_2\rangle$，其中 $e_1=e_2$，且 N_1、N_2 互素，则称两密钥为互兼容密钥。

定义 6.8　生成密钥：若有两个密钥为 K_1、K_2 互兼容密钥，则有 $K_1\times K_2$ 为生成密钥，定义为 $\langle e,N_1*N_2\rangle$。

引理 6.1　对于正整数 a、N_1、N_2，有 $a\,\mathrm{mod}N_1*N_2\equiv a\,\mathrm{mod}N_1$。

定理 6.3　对于任意数据 m 与 m'，若有 m、$m'<N_1$，N_2，则有

$$[m,K_1\times K_2]=[m',K_1]\mathrm{mod}N_1\ 当且仅当\ m=m'$$

$$[m,K_1\times K_2]=[m',K_2]\mathrm{mod}N_2\ 当且仅当\ m=m'$$

以上主要是加密理论的基础性知识，由于不在本书的讨论范围内，在此只给出简单的介绍，没有相关的证明或说明，感兴趣的读者可以进一步查看相关资料。

相关学者认为即使采用云存储方式实现数据存储托管，访问数据由本地

转移到云服务器中，但是在逻辑上访问权限是没有发生变化的，大部分的应用仍然遵循树状的角色权限管理逻辑结构，如图 6 - 22 中的例子所示。

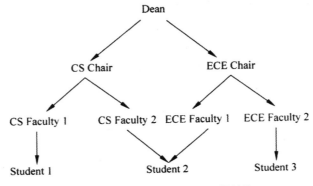

图 6 - 22　学生的访问权限逻辑结构

第三节　公有云、私有云和安全云的安全组

在不同的场合按不同的角度，可以为云计算的"云"给出不同的分类。例如，按云的服务类型可以分成设施服务云、平台服务云和应用服务云；按功能可以分为游戏云、电子商务云、数据库云、网站云；等等。比较常见的是按云的使用者范围分为：公有云、私有云和安全云。

一、公有云

我们也许在不知不觉之中使用着公有云的服务，如日常用的电子邮件、网盘等很可能在公有云平台上运行。公有云（Public Cloud）是一种对公众开放的计算资源服务，它由云供应商建设并运营，通过互联网向个人用户或团体用户提供服务。

公有云一般的规模都比较大，可以支持巨大的工作负载以及庞大的用户访问量。由于规模大，使得公有云可以更有效地利用资源和提高资源利用率。加上规模效应使得公有云的服务价格相对低廉。由于要向各种各样的公众用户提供优质服务，公有云的功能一般也比较全面，如支持各种主流操作系统和成千上万不同的应用功能。

（一）基础设施服务

通过该服务，企业可以在云端租用虚拟的服务器、存储、网络带宽等 IT 基础设施。不同的企业租用公有云的基础设施资源可能会有不同的目的。

（1）作为企业内部的信息资源使用，最终用户都是内部员工。例如：企业在虚拟服务器之上运行企业资源计划（ERP）等企业内部的管理软件。这种模式的目的主要是降低企业 IT 设施的初始投入成本与运行维护成本。是一种比较彻底的 IT 外包方式。

（2）作为企业对客户服务的信息设施资源。在这种方式中，企业在租用回来的云设施上运行特定的业务系统，这些系统的用户除企业内部员工外，还有企业的客户。利用云运营商的网络覆盖能力，企业客户可以获得"就近"服务，降低网络延时，提高服务质量。

（3）企业在租用回来的设施上开发或安装自己的软件来为公众服务。这个企业可以直接也可以委托云运营商向其他企业或个人出租它的软件。这样对于云来说是丰富了它的功能和服务，对于企业来说也可以"站在巨人的肩膀上"利用云运营商的市场能力来快速拓展自己的业务，形成多赢的商业链。我们把这种企业称为云平台的二级运营商。

（二）平台服务

平台服务是向软件开发者提供云平台应用的开发环境、开发工具以及工作功能模块的开发接口，使得软件开发者可以快速地开发云应用。在上面说的第三种方式中，如果有了平台即服务，开发企业就不需要再关注负载均衡、用户计费等繁琐的事务，而是专注于程序逻辑本身，加速软件的开发。

（三）软件服务

软件服务就是提供软件租用，这是我们平时最常看到的服务。软件即服务可以由云运营商直接提供，也可以由二级运营商提供。

二、私有云

顾名思义，私有云（Private Cloud）是为一个组织机构单独使用而构建的为机构内部提供服务的云。这个组织机构是私有云的使用者也是拥有者，因而可以对数据、安全性和服务质量进行最有效控制，使数据安全得到了最大的保障。该机构拥有云的全部基础设施，并可以控制在此基础设施上部署应用程序的方式，因此私有云可以更好地与现有管理流程进行整合。

如今，政府及一些大型企业由于多方面因素限制，短期内很难大规模采用公有云服务。他们都有庞大的计算资源需求，也期望通过云技术来简化管理、提高配置效率以及资源利用率，所以他们纷纷建起了私有云。除了数据安全的保障外，服务质量高也是私有云显著的特点。因为私有云部署一般在应用机构的内部网内而不是在某个遥远的数据中心，用户访问云服务不会受互联网偶发异常的影响而非常稳定。此外，云上部署的应用也是相当稳定的，这都有利于私有云保持高水平的服务质量。

构建私有云可以有多种形式。最简单的就是购买整体解决方案，如IBM等专业公司可以提供从硬件到软件到建设再到运维的完整解决方案，只是这种形式建设单位的选择余地不大，日后系统的升级、扩充都会受到厂家的较多牵制。其次的形式是购买云平台软件，这种方式可以最大限度地利用现有的设备资源，厂家有较多的选择，系统扩展的自主性较强，但需要做比较多细致的整合工作。终极形式是采用开源的云平台自己建设，实际上现在不少著名的云平台都是在开源软件的基础上建设的。这种模式需要建设单位拥有较强的技术力量，但优点是不容置疑的：云完全掌握在自己手里。

私有云可部署在使用机构数据中心的防火墙内，也可以将它们部署在一个安全的主机托管场所再通过专用数据线路与机构办公地点相连。与传统的数据中心相比，私有云可以使基础设施更有弹性更易于扩展与管理，同时各种IT资源得以整合及标准化从而降低IT架构的复杂度。

三、安全云

本节从网络安全产品云化以及云安全服务产品的应用来阐述安全云。

（一）网络安全产品的云化

当前，包括防病毒、防垃圾邮件、内容过滤等在内的安全产品"云化"进程较快，该类产品通过网络威胁防御手段结合采用云计算的处理机制，结合云计算的虚拟化以及分布式处理技术，可以实现系统资源的池化，有效提高资源利用率，增加安全系统的弹性，并可充分利用云计算平台的强大的分布式并行运算能力，全面提升安全系统威胁响应速率和防护处理能力，以应对日益增长的安全威胁。

安全云技术在网络安全设备领域的主要应用是网络安全产品的"云化"。一方面，在网络安全设备层面可以结合虚拟化技术，实现灵活、按需扩展的系统架构，另一方面，利用云计算中心的强大数据运算与同步调度能力，在对海量安全事件进行关联分析的基础上，可在第一时间将补丁或安全策略分发到各安全节点，可极大地提升网络安全设备对新威胁的响应速度。

以防病毒产品为例，其主要通过采用云计算技术及理念，通过全网分布的信息采集终端和超大规模云计算信息处理平台，以提升对互联网中海量增长的病毒、木马等安全威胁的快速感应、分析、处理能力。每个加入系统的用户既是服务的对象，也是安全云系统的一个信息节点，从而使得该系统具备快速感知、捕获新威胁，进而进行快速回应、处理的能力，从而建立起基于互联网的主机防御信息共享、协作的安全防御模式，体现了分布式集群防病毒的思路，在很大程度上全面提升了病毒防范能力。

面对恶意威胁的互联网化，网络安全设备的防护机制需要随之更新，而安全互联网化正是安全云技术在网络安全设备上的直接应用，这将改变过去网络安全设备单机防御的思路，通过全网分布的安全节点、安全云中心超大规模的计算处理能力，为实现统一策略动态即时更新、全网协同防御提供了可能，如图 6-23 所示。

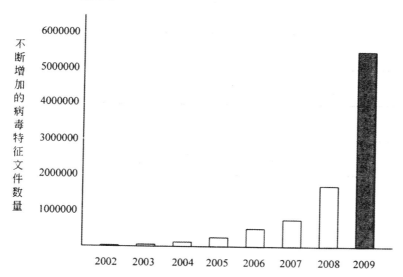

图 6-23　杀毒软件因爆炸式的恶意代码增长，也不断地增加对应的特征文件

（二）云安全服务产品的应用

云安全服务产业链主要表现在网络安全设备提供商、云安全服务提供商和最终用户。其中，云安全服务提供商是云安全服务的主要提供者和推动者，

电信运营商和大型安全服务提供商由于在安全基础设施资源、运营人才、资金等方面具有优势，将成为主要的云安全服务提供商。

云安全业务作为基于互联网的安全服务，主要包括安全云中心、云计算安全托管服务以及安全运营中心（SOC）等多种业务形态。

安全云中心主要包括如 Websense ThreatSeeker、CiscoSensorbase 等安全云数据中心，该类中心通常拥有全球分布的安全节点、大规模的分布式并行计算平台，具备强大的恶意代码实时检测、Web 及内容分类、文件信誉评估、行为分析等能力。安全云中心一般可通过能力出租方式提供给网络安全设备商、电信运营商、方案提供商等，其产品输出形态主要包括病毒库、垃圾邮件库、URL 黑白名单库等。总体来说，安全云中心体现了安全互联网化的思路与理念。

以云邮件安全为例，赛门铁克的 MessageLabs 由 14 个数据中心组成横跨四大洲的全球化基础架构，将原本由企业自建邮件安全防护网关系统的方式，转变为由服务商建立邮件安全系统，企业以订购服务的方式，使用信件过滤的功能，而企业只需将原本的信件，绕道至安全服务提供商的公有云里，进行垃圾邮件过滤，邮件病毒扫描之后，将有问题的信件隔离后，再把正常的信件送回至客户的邮件服务器。于是每天有超过 60 多亿封的信件，利用这个公有云过滤潜藏在信件里的恶意攻击，同时，在目前垃圾信比率已占全部信件 90％的时候，也节省企业的带宽。邮件安全服务示意图如图 6-24 所示。

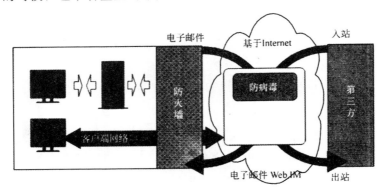

图 6-24　邮件安全服务示意图

云计算安全托管服务主要是为云计算应用提供安全维护外包服务，主要包括 Web 安全托管、垃圾邮件防范、含恶意代码检测以及 Web2.0 网站的安全防护等。

第四节　云安全的管理及相关技术

目前针对信息服务、安全管理等，国际及国内都制定了许多相关的标准和规范，但尚未有专门针对云安全管理的标准。云计算作为一种新的信息系统，需要结合自身特点，并借鉴信息服务、安全管理相关的多个标准，形成云安全管理标准框架。

一、信息系统安全管理标准

（一）信息系统安全管理标准分类

关于信息系统安全管理的标准可分为三类，即总体标准、最佳实践标准、实际实施标准。这三类标准可用金字塔的形式表示，如图 6 - 25 所示，它们的内容各不相同，但又互相关联。

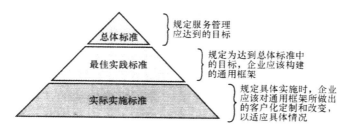

图 6 - 25　信息系统安全管理标准分类

（1）总体标准：位于金字塔顶层的是关于 ITSM（information technology service management，信息技术服务管理）的总体标准。这些标准规定了 ITSM 的各个方面需要达到的目标，其中的规定是相当简洁的。

（2）最佳实践标准：位于金字塔中间层的是最佳实践标准，它是对总体标准的进一步扩充和细化。这些标准提供了一个通用框架，指出为了实现总体标准中规定的各项目标，信息技术服务提供商应如何采取措施、经过哪些阶段、采用什么样的组织架构等。

（3）实际实施标准：位于金字塔底层的是 ISM（information security management，信息安全管理）实际实施标准。这些标准对最佳实践标准中提供的通用框架进行定制和改变，从而满足不同行业、不同服务进行 ISM 的实际需求。

　　总的来说，当信息技术服务提供商进行安全管理时，需要先依照总体标准明确安全管理的各个方面需要达到的目标，再依照最佳实践标准初步确立安全管理的基础框架，最后还需根据自己所在的行业和服务类型的不同，依照相应的实际实施标准制定出信息安全管理的具体实施方案。

（二）信息系统安全管理的相关国内外标准

　　ISO（国际标准化组织）和 IEC（国际电工委员会）构成了世界范围内的标准化专门机构。在信息系统安全管理的相关国际标准中，"总体标准"的典型实现是 ISO/IEC 20000.1，"最佳实践标准"的典型实现是 ISO/IEC 20000.2，这两个标准共同组成了 ISO/IEC 20000 标准。ISO/IEC 20000 源自 BSI（英国标准协会）针对 ITSM 而制定的标准 BS 15000，而 BS 15000 又是基于英国政府部门 CCTA 制定的 ITIL（信息技术基础架构库）。

　　ITIL 主要包括业务管理、服务管理、ICT（信息通信技术）基础架构管理、ITSM 规划与实施、应用管理和安全管理等六个模块，其中服务管理是其最核心的模块，该模块包括"服务提供"和"服务支持"这两个流程组。ITIL 包括了一系列适用于所有 IT 组织的最佳实践，为企业的 ITSM 实践提供了一个客观、严谨、可量化的标准和规范。基于 ITIL 的 ISO/IEC 20000 是专门针对 ITSM 制定的首个国际标准，该标准最早于 2005 年发布，规定了信息服务提供商在向用户提供 IT 服务的过程中需要达成的目标，旨在帮助服务提供商衡量和了解自身的 IT 服务的品质，进而依照公认的"PDCA（plan - do - check - action）"方法论建立适合自己的 ITSM 流程和方法，促进服务提供商提升系统及其服务的可靠性及可用性。

　　我国对安全技术的标准化工作一直十分重视，于 2002 年成立了全国信息安全标准化技术委员会，并于 2008 年发布了 GB/T 22080 和 GB/T 22081 这两个关于信息安全管理的国家标准。信息系统安全管理的相关国内外标准如表 6 - 1 所示。

（三）云安全管理标准框架

　　云计算是架构在传统的软硬件等基础设施上的一种新型的服务交互和使用模式，因此云计算除了面临传统 IT 架构下会出现的一些安全风险外，还面临着包括政策法规在内的一些新的安全风险。传统的单一的信息系统安全管理框架已经不能满足云安全管理的需求，云安全管理框架必须综合考虑 ITSM、法律等多种因素，融合多类框架，如图 6 - 26 所示。

表 6 - 1　信息系统安全管理的相关国内外标准

标准分类		标准名称	标准简介
国际标准	总体标准	ISO/IEC 20000.1	IT 服务管理系统的需求——详细描述服务提供商计划、建立、实施、运营、监控、检查、维护和改进服务管理系统的需求
	最佳实践标准	ISO/IEC 20000.2	IT 服务管理系统的应用指南——以指引和建议的方式描述 ISO/IEC 20000.1 中各个服务管理流程的最佳实践方法
	实际实施标准 术语	ISO/IEC 27000	对 ISMS 的背景介绍及对相关术语的定义
	通用要求	ISO/IEC 27001	ISMS 的指导方针和一般原则
		ISO/IEC 27006	ISMS 认证机构的认可要求
		ISO/IEC 27002	ISMS 的实用规则
		ISO/IEC 27003	ISMS 的实施指南
	通用指南	ISO/1EC 27004	ISMS 的度量
		ISO/IEC 27005	ISMS 的风险管理
		ISO/IEC 27007	ISMS 的审核指南
		ISO/IEC 27008	ISMS 控制措施审核员指南
	行业指南	ISO/IEC 27010	部门间通信的信息安全管理
		ISO/IEC 27011	电信行业的信息安全管理指南
		ISO/IEC 27799	医疗机构的信息安全管理指南
我国标准	实际实施标准	GB/T 22080	《信息技术安全技术信息安全管理体系规范》，等同采用 ISO/IEC 27001：2005
		GB/T 22081	《信息技术安全技术信息安全管理实用规则》，等同采用 ISO/IEC 27002：2005

二、云安全管理流程

云安全管理作为保障云安全中的重要一环，需要在充分参照信息安全管理体系的基础上，结合云计算自身的特点以及云计算中部署的各项安全技术，构建出云安全管理流程，有层次、有针对性地部署安全管理措施，形成一个完整的、切实有效的云安全管理体系。

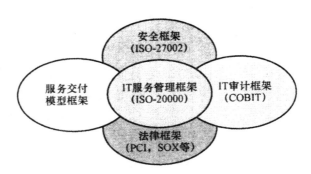

图 6 - 26   云安全管理标准框架

在管理学中有一个通用模型，即"PDCA"循环。PDCA 循环又叫"质量环"，最早由休哈特于 1930 年构想出来，后来被美国质量管理专家戴明于 1950 年所采纳，广泛应用于持续改善产品质量的过程中，因而又叫"戴明环"。PDCA 循环是全面质量管理（TQM）所应遵循的科学程序，在 BS7799 标准中也明确指出，PDCA 循环适用于所有 ISMS 过程。

PDCA 是"Plan""Design""Check"和"Action"这四个英文单词的首字母组合，PDCA 循环就是按照"规划—实施—检查—处理"的顺序进行产品、服务等的质量管理，并且循环不止地进行下去的科学程序。适用于 ISMS 过程的 PDCA 模式如图 6 - 27 所示。

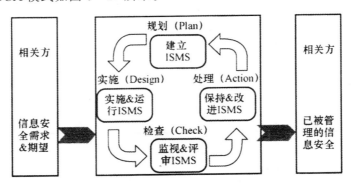

图 6 - 27   适用于 ISMS 过程的 PDOA 模式

（一）规划

在云安全管理的规划阶段，首先要规划出云安全管理体系的整体目标，为各项管理措施的制定和检查提供指导；其次要为云安全管理提供组织保障，使云安全管理能够顺利进行。

1. 云安全管理体系的目标

云安全管理体系作为云安全体系的重要组成部分，主要目标就是通过各项管理措施增强云服务的安全性，并且在安全性和性能之间达到平衡，如图 6 - 28 所示。

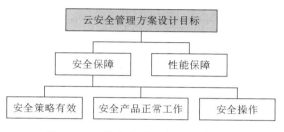

图 6 - 28 云安全管理方案设计目标

（1）安全保障。云安全管理体系需要通过实施各项管理措施，保障安全技术的有效性、安全产品的可用性以及人为操作的合规合法性，从而保障云计算安全。

（2）性能保障。为了实施云安全管理方案，必然要部署一些安全管理产品，这些设备在工作时可能需要对流经的数据进行捕获和分析，这可能会降低云服务对用户请求的响应速度，影响云服务的性能。因此在设计云安全管理方案时，一定要考虑安全产品的部署和运行对云服务性能的影响程度，在高安全和高性能之间达到一个平衡。

2. 云安全管理组织保障

云安全管理组织体系应包括云安全管理领导体系、指导体系、管理体系和安全审计监督体系这四个子体系，不同的子体系有不同的职责。这些职责需要由专门的人员来承担，因此云安全管理组织体系和云安全管理人员体系相对应，二者的每个子体系也一一对应，如图 6 - 29 所示。

（二）实施

在云安全管理的实施阶段，需要建立起云安全管理体系的基本框架，明确应该从哪些方面部署云安全管理措施。由于云安全技术和云安全管理是云安全体系的两大组成部分，二者相辅相成、不可分割，因此云安全管理体系可依照云安全技术体系进行构建，如图 6 - 30 所示。云安全管理体系按照自底向上的顺序，可分为三层：物理安全管理、IT 架构安全管理、应用安全管

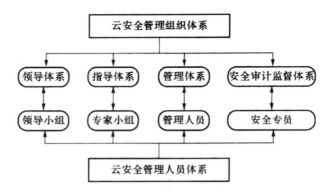

图 6-29 云安全管理组织保障

理。另外，由于数据安全需要通过在云平台的各个层面部署安全技术来保障，因此数据安全管理也应从全局出发，贯穿于云安全管理体系的各个层面。

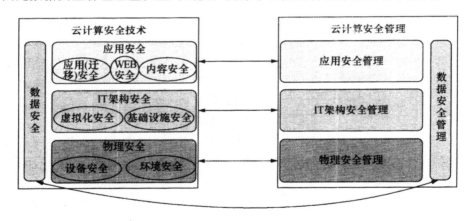

图 6-30 云安全管理方案总体架构

1. 物理安全管理

物理层安全管理的目的是保障云计算中心周边环境的安全及云计算中心内部资产的安全，可分为资产的分类和管理、安全区域管理、设备管理、日常管理这四个方面。

（1）资产的分类和管理：云服务提供商需要指定特定人员，对云计算中心的软硬件等资产进行统计并形成资产清单，资产清单中应包括资产类型、资产数量、资产所在位置、许可证信息、资产的价值等信息，便于随时进行查验。另外，需要根据资产的价值和安全级别对资产进行分类，确定各类资产的保护级别。

（2）安全区域管理：对存储及处理敏感信息的区域。需要部署适当的访问控制措施，以确保只有授权的人员才能进入这些区域，且要对访问者的姓名、进入和离开安全区域的时间进行记录，要有相关人员监督访问者在安全区域进行的所有操作，使用摄像头对各种行为进行监控等。

（3）设备管理：首先要保护设备不被窃取。并采取一定的保护和控制措施，将火灾、爆炸、烟雾、水电故障等事故对设备性能的影响降到最低。要重点保护存储和处理敏感信息的设备，采取访问控制措施来防止非授权访问导致的敏感信息泄露。要定期对设备进行检查和维修，将设备出现的故障及维修信息记录下来。

（4）日常管理：需要增设巡逻警卫和看守人员对云计算中心周围的环境进行监管，并及时查看摄像头中记录的信息，发现异常情况及时上报。这些人员的上下班信息也应有详细记录，以便在出现安全事故时追究相关人员的安全责任。

2. IT 架构安全管理

IT 架构既包括网络、主机等基础设施的部署，也包括各种虚拟化技术的使用，因此 IT 架构安全管理的目的是保障 IT 架构中基础设施的正常工作以及虚拟化平台的安全，如图 6-31 所示。

3. 应用安全管理

应用安全管理处于云安全管理体系的最顶层，云用户在通过身份认证之后，以相应的权限来访问和使用云服务平台中的各种应用，因此应用安全管理的主要目标是对用户的身份和权限进行管理，防止非授权的访问和操作，并防止不良信息的流传。为达成该目标，可从身份管理、权限管理、策略管理和内容管理这四个方面部署管理措施。

（三）检查

在云安全管理的检查阶段，需要对云安全管理体系的各个方面进行审查，以评估云安全管理的各项措施是否有效，云安全管理方案是否全面合理，发现可能影响云安全的措施和事件。审查过程和结果需要有详细的记录，以便为改进云安全管理体系提供指导。对云安全管理体系的检查主要从三方面进行，如图 6-32 所示。

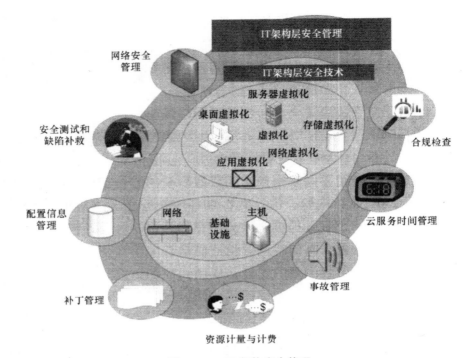

图 6 - 31　IT 架构安全管理

图 6 - 32　对云安全管理体系的检查

（四）处理

在云安全管理的处理阶段，需要根据检查阶段生成的审查记录纠正管理过程中的不足，并预防可能出现的问题。改进过程需向专业人员进行咨询，即如果云安全管理体系不符合法律法规的要求，则需要咨询有经验的法律顾问或合格的法律从业人员，获取改进建议；如果不符合相关标准的要求，则需要向专门从事该标准研究工作的研究人员进行咨询；如果管理措施存在不足，则需要咨询安全管理人员或信息安全领域有经验的技术人员，根据他们的建议来改进或增加管理措施。该阶段做出的所有改进措施都应有详细的记录，且该记录需要和审查记录一一对应，以便核实改进措施是否有效。

三、云安全管理重点领域分析

（一）全局安全策略管理

"没有规矩，不成方圆"，对云服务平台的任何一个层面进行管理时，都由相应的安全策略来规定管理目标，制约管理流程、管理方法，如果安全策略不完整、不准确或是遭到破坏，可能会使云安全管理效果大打折扣，甚至导致云安全管理体系的全盘崩溃。因此在云安全管理中，安全策略管理有十分重要的作用。

安全策略是一个单位或组织机构用来对该单位或组织机构的所有资产的管理、保护、分配和使用进行控制的规则、指令和实践。安全策略是有效实施安全防御机制的基础，如果在没有创建安全策略、标准、指南和流程等安全防御基础的情况下制定了技术解决方案，则往往会导致安全控制机制目标不集中，效率不高。

为了确保安全策略的正确执行，每个云安全管理人员都需要了解安全策略、参与安全策略制定过程、接受关于安全策略的系统培训。安全策略的管理要注重安全策略的制定和安全策略的执行这两个方面。在制定安全策略时，需要根据法律标准的相关规定、安全需求、安全威胁来源和云服务提供商的管理能力来定义安全对象、安全状态及应对方法；要特别注意安全策略的一致性和协作性，策略之间不能相互冲突，否则会导致策略失效。另外，要进行安全策略的生命周期管理，随着技术的发展、时间的推移，安全策略要不断地进行更新和调整，保证安全策略的有效性。

云安全管理涉及许多方面，需要云安全管理的领域必然需要安全策略的支持，因此对云安全策略的管理也应从全局出发、面面俱到。云计算全局安全策略管理如图 6-33 所示。

（二）网络安全管理

云服务中的通信网络由两部分组成：一部分为云服务平台内部的通信网络；另一部分为云服务平台和外部环境之间的通信网络。云服务平台内部的通信网络应纳入云安全管理体系中进行实时地、统一地管理。云服务平台和

图 6‑33 云计算全局安全策略管理

外部环境之间的通信网络不在云服务提供商的控制范围内，因此云服务提供商需通过访问控制、在网络接口处部署网络安全设备等措施来防止来自外部网络的非授权访问、恶意攻击等不法行为。

云平台中的网络安全管理需要侧重于对网络安全要素进行管理，在诸多网络安全要素中，网络安全策略、网络安全配置、网络安全事件和网络安全事故这四个要素最为关键。

云平台中的网络安全管理要依赖于大量的防火墙、IDS/IPS、VPN 系统等网络安全设备来进行，但由于这些设备来自不同的厂商，没有统一的标准接口，无法进行信息交流，安全设备之间无法实现协作，不能形成安全联动机制，不能提供统一的预警、自动响应等功能，这极大地降低了网络安全管理的效果。因此网络安全管理员需要建立一个规范的网络安全管理平台，对各种安全设备进行统一管理，如图 6‑34 所示。

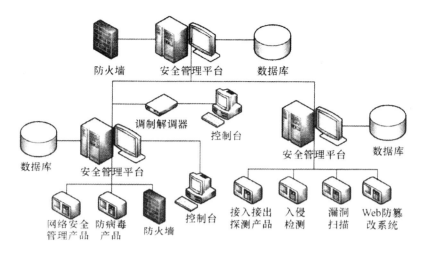

图 6 - 34　网络安全管理

（三）安全监控与告警

安全监控是一种保障信息安全的有效机制，它通过数据采集、分析处理、规则判别、违规阻止和全程记录等过程，实现对系统中各类信息和用户操作的保护与监控。安全监控的对象可分为信息及操作两大类，其中信息主要是指系统的文件和文本信息，操作主要是指用户人为产生的操作行为。监控系统要对文件信息的变更、文本信息的复制传播以及人为操作进行记录、甄别。

告警是指当某些人员或安全设备监控到违反安全策略的安全事件时，要及时向相关的负责人发出警报，以便及时采取相应的解决措施。安全监控与告警能够有效避免严重的安全事故的发生，保障了信息和信息系统的可用性。

在云安全管理中，安全监控与告警涉及云服务平台的各个层面，如图 6 - 35所示。

（四）人员管理

企业的内部员工是企业信息安全的重大威胁，尤其是信息安全人员。2009 年 CSI 计算机犯罪调查报告显示，内部人员攻击占到了恶意攻击的43％；25％的受访人员表示，超过 60％的损失是由内部人员非恶意的活动所引起的。许多损失评估报告也指出，尽管内部人员引起的事件比外部人员少，但是内部人员所引起的安全事件通常会导致更大的损失。因此，对任何企业来说，人员管理对保障信息安全都至关重要。

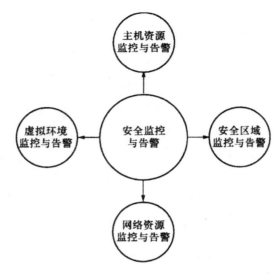

图 6-35　安全监控与告警

在云服务中，大量用户的海量数据都存储在云服务提供商处，由云服务提供商内部人员进行管理，如果内部人员进行恶意攻击、非授权访问，或是由于信息安全意识薄弱而频频进行一些不安全操作，将会严重威胁大量用户的隐私安全，给用户和云服务提供商都带来巨大的损失，因此对于云安全来说，人员管理的重要性更加突出。

在云计算中，人员管理是对维护和保障云服务正常运转的所有内部人员进行管理，一般可认为是对云服务提供商雇佣的所有人员进行管理。人员管理可分为"任用前""任用中"和"任用的终止或变更"这三个阶段，每个阶段又可分为几个方面进行管理，如图 6-36 所示。

（五）业务连续性管理

很多考虑使用云应用的组织都在问有关服务可用性和弹性的问题。在云环境中托管应用程序并存储数据，这种做法可提供全新的服务可用性及弹性选项，以及数据的备份和还原选项。业务连续性管理规程使用业界领先的实践创建并采纳这一领域的能力，以解决微软云环境中新发布的应用程序的相关问题。

业务连续性管理规程使用早期进行的管理和治理流程，以确保可通过必要的步骤确定潜在隐患的影响，维持可行的还原战略和规划，并确保产品和

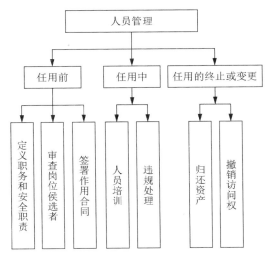

图 6 - 36　人员管理

服务的连续性。要了解所有资源，即人员、设备，以及系统，往往需要执行某项任务或流程，这对于发生灾难后相关规划的创建工作是至关重要的。如果遭受损失，那么最大的风险就是规划的复查、维护，以及测试工作方面遇到问题，因此该规程并不仅仅是简单地进行数据的还原。业务连续性管理规范流程图如图 6 - 37 所示。

（六）操作合规性管理规程

除了微软自己的业务规范，微软的联机服务环境必须满足不同的政府制度和业界约定的安全需求。随着微软联机业务的持续增长和变动，微软云中经常会出现新的联机服务，并且会出现额外的需求，要求云必须满足特定地区或特定国家的数据安全标准。操作合规性团队将横跨运维、产品，及服务交付团队展开工作，并与内部和外部的审计人员配合，以确保微软符合相关标准和规章制度的要求。下面简要描述了微软云环境目前符合的一些审计和评估基础。

（1）金融卡业界的数据安全标准：要求对与信用卡交易有关的安全控制进行年度性的审查和验证。

（2）媒体分级委员会：与广告系统数据的生成和处理的完整性有关。

（3）萨班斯奥克斯利法案：对所选系统进行年度审计，以验证与财务报表完整性有关的关键流程的合规性。

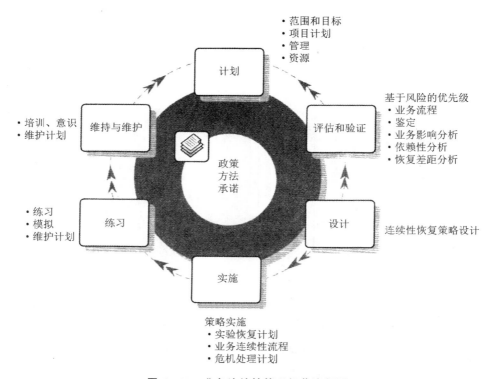

图 6 - 37　业务连续性管理规范流程图

（4）健康保险可携带性和责任法案：为医疗档案的电子化存储指定隐私、安全，及灾难恢复指导。

（5）内部审计和隐私评估：在特定年份的全年进行评估。

要满足上述所有审计义务，对于微软来说是一个巨大的挑战。通过详细了解相关需求，微软发现很多审计和评估都要求对相同的运维控制和流程进行评估。因此这是一次重大的机遇，可减少冗余的工作，让整个流程更合理，并用更全面的方式前瞻性地管理合规性方面的预期结果。随后 OSSC 制定了全面的合规性框架。该框架和相关的流程完全基于一种分为 5 个步骤的方法，这些步骤如图 6 - 38 所示。

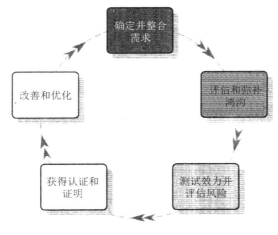

图 6 - 38　全面的合规性框架流程

第五节　云数据库故障恢复技术

一、通过重新处理来恢复

恢复的最简单形式就是定期地制作数据库副本（称为数据库保存件），并保持一份自备份以来所有处理过的事务记录。这样，一旦发生故障时，操作员就可以从保存件复原出数据库，并重新处理所有的事务。尽管这一策略比较简单，但通常情况下是不可行的。首先，重新处理事务与第一次处理这些事务耗费的时间是一样多的，如果计算机的预定作业繁重，系统就可能无此机会；其次，当事务并发地处理时，事件是不同步的。由于这样的原因，在并发性系统中，重新处理通常不是故障恢复的一种可行形式。

二、单纯以后备副本为基础的恢复技术

这种恢复技术的特点是周期性地把磁盘上的数据库转储到磁带上。由于磁带脱机存放，可以不受系统故障的影响。转储到磁带上的数据库复本称为后备副本。转储可分为静态转储、动态转储、海量转储以及增量转储。

（一）静态转储

系统中无运行事务时进行转储，转储开始时数据库处于一致性状态，转储期间不允许对数据库进行任何存取、修改活动。这种转储方法实现简单，但由于转储必须等用户事务结束，新的事务也必须等转储结束，所以降低了数据库的可用性。

（二）动态转储

转储操作与用户事务并发进行，转储期间允许对数据库进行存取或修改。这种转储方法的优点是不用等待正在运行的用户事务结束，也不会影响新事务的运行，但是不能保证副本中的数据正确有效。

（三）海量转储

海量转储指每次转储磁盘上的全部数据库。其中涉及数据量较大，存在花费时间较长、转储不能太频繁的缺点。优势在于恢复起来很方便，只需取一次后备副本。

（四）增量转储

只转储上次转储后更新过的数据。这种以后备副本为基础的恢复技术是当数据库失效时，取最近的后备副本来恢复数据库，如图 6-39 所示。

图 6-39　利用后备副本恢复数据库

很显然，用这种方法，数据库只能恢复到最近后备副本的一致状态，从最近后备复本至发生故障期间所有数据库的更新将会丢失。取后备复本的周期愈长，丢失的数据更新也愈多。

实际上，数据库中的数据一般只部分更新，很少全部更新。因此，可以利用增量转储，只转储其修改过的物理块，这样转储的数据量显著减少，从而可以减少发生故障时的数据更新丢失，如图 6-40 所示。

例如，一个数据库系统每周取一次后备副本，在最坏情况下，可能丢失一周的数据更新。如果除了每周取一次后备副本，每天还取一次 ID，则至多丢失一天的数据更新。可见，当数据失效时，可取出最近的后备副本，并用

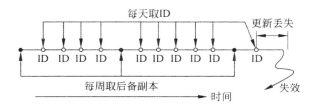

图 6 - 40　用增量转储减少数据更新丢失

其后的一系列 ID 把数据库恢复至最近 ID 的数据库状态。很显然，这比恢复到最近后备副本所丢失的数据更新要少。

这种以后备副本为基础的恢复技术实现起来很简单，不会增加数据库正常运行时的开销。其缺点是不能恢复到数据库的最近一致状态。这种恢复技术主要用于文件系统。在数据库系统中，只用于小型的和不重要的数据库系统。

三、通过回滚/前滚来恢复

定期地对数据库制作副本（数据库保存件），并保持一份日志（log），记录自从数据库保存以来其上的事务所做出的变更。这样，一旦发生故障就可以使用两个方式中的任何一个来进行恢复。

（一）前向回滚（rollforward）

先利用保存的数据复原数据库，然后重新应用自从保存以来的所有有效事务（这里并不是重新处理这些事务，因为在前向回滚时并未涉及到应用程序，取而代之的是重复应用记录在日志中处理后的变更）。

（二）后向回滚（rollback）

这就是通过撤销已经对数据库做出的变更，来退出有错误或仅仅处理了一部分的事务所做出的变更。接着，重新启动出现故障时正在处理的有效事务。

这两种方式都需要保持一份事务结果的日志，其中包含着按年月日时间先后顺序排列的数据变动的记录。如图 6 - 41 所示，在发生故障的事件中，日志既可以撤销也可以重做事务。为了撤销某个事务，日志必须包含有每个数据库记录（或页面）在变更实施前的一个副本。这类记录称为前映像（before image）。一个事务可以通过对数据库应用其所有变更的前映像而使之撤销。为了重做某个事务，日志必须包含每个数据库记录（或页面）在变更后的一个副本。这些记录称为后映像（after image）。一个事务可以通过对数据库应用其所有变更的后映像来重做。图 6－42 显示了一个事务日志可能有的数据项。

图 6－41　事务的撤销和重做

相对记录号	事务ID	逆向指针	正向指针	时间	操作类型	对象	前映像	后映像
1	OT1	0	2	11:42	START			
2	OT1	1	4	11:43	MODIFY	CUST 100	(旧值)	(新值)
3	OT2	0	8	11:46	START			
4	OT1	2	5	11:47	MODIFY	SP AA	(旧值)	(新值)
5	OT1	4	7	11:47	INSERT	ORDER 11		(值)
6	CT1	0	9	11:48	START			
7	OT1	5	0	11:49	COMMIT			
8	OT2	3	0	11:50	COMMIT			
9	CT1	6	10	11:51	MODIFY	SP BB	(旧值)	(新值)
10	CT1	9	0	11:51	COMMIT			

图 6－42　事务日志示例

对这个日志来说，每个事务都有唯一的标识名，且给定事务的所有映像都用指针链接在一起。有一个指针是指向该事务工作以前的变更（逆向指针，reverse pointer），其他指针则指向该事务的后来变化（正向指针，forward pointer）。指针字段的零值意味着链表的末端。DBMS 的恢复子系统就是使用这些指针来对特定事务的所有记录进行定位的。日志中的其他数据项是：行为的时间，操作的类型（START 标识事务的开始，COMMIT 终止事务，释放了所有锁），激活的对象（如记录类型和标识符）以及前映像和后映像等。

给定了一个带有前映像和后映像的日志，那么撤销和重做操作就比较直接了。要想撤销图 6 - 43 中的事务，恢复处理器只要简单地用变更记录的前映像来替换它们就可以了。

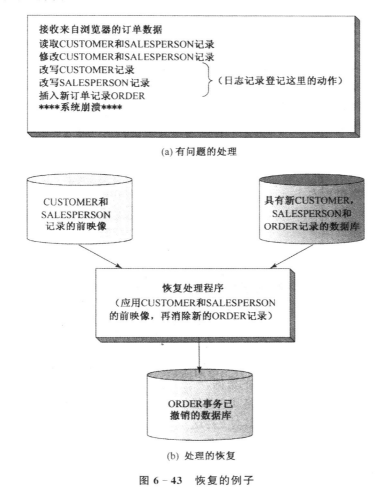

(a) 有问题的处理

(b) 处理的恢复

图 6 - 43　恢复的例子

一旦所有的前映像都被复原，事务就被撤销了。为了重做某个事务，恢复处理程序便启动事务开始时的数据库版本，并应用所有的后映像。

要把数据库复原为其最新保存件，再重新应用所有的事务，可以利用检测点的机制。检测点（checkpoint）就是数据库和事务日志之间的同步点。检测点是一种廉价操作，通常每小时可以实施 3～4 次（甚至更多）检测点操作。这样一来，必须恢复的处理不会超过 15～20 分钟。绝大多数 DBMS 产品本身就是自动实施检测点操作的，无需人工干预。

为了完成检测点命令，DBMS 拒绝接受新的请求，结束正在处理尚未完成的请求，并把缓冲区写入磁盘。然后，DBMS 一直等到操作系统确认所有对数据库和日志的写请求都已完成。此时，日志和数据库是同步的。接着，向日志写入一条检测点记录。最后，数据库便可以从该检测点开始恢复，而且只需要应用那些在该检测点之后出现的事务的后映像。

参考文献

［1］ 王珊，萨师煊. 数据库系统概论［M］. 5 版. 北京：高等教育出版社，2014.

［2］ 孙丽红. 数据库原理［M］. 北京：清华大学出版社，2015.

［3］ 尹为民，李石君，金银秋. 数据库原理与技术［M］. 北京：清华大学出版社，2014.

［4］ 刘瑞新. 数据库系统原理及应用教程［M］. 4 版. 北京：机械工业出版社，2014.

［5］ 何玉洁，刘福刚. 数据库原理及应用［M］. 2 版. 北京：人民邮电出版社，2012.

［6］ 刘爽英，王丽芳，李欣然，张元. 数据库原理及应用［M］. 北京：清华大学出版社，2013.

［7］ 周屹，李艳娟. 数据库原理及开发应用［M］. 北京：清华大学出版社，2013.

［8］ 张红娟. 数据库原理［M］. 4 版. 西安：西安电子科技大学出版社有限公司，2016.

［9］ 陈漫红. 数据库原理与应用技术［M］. 北京：北京理工大学出版社，2016.

［10］ 陈志泊. 数据库原理及应用教程［M］. 2 版. 北京：人民邮电出版社，2008.

［11］ 牛小宝. 基于 MySQL 的云数据库设计与实现［D］. 南京：南京邮电大学，2016.

［12］ 李静燕. 数据库应用系统的性能分析与优化策略分析［J］. 电子制作，2016（22）：38.

［13］ 杨新爱. 数据库在分布式管理系统中的应用与优化设计［J］. 电脑编程技巧与维护，2016（16）：73－74.

［14］ 邓亚文. 云计算环境下的备品备件多信息管理优化控制系统研究［D］.

成都：西南石油大学，2016.

[15] 任守泽. 基于云计算的移动巡检系统设计 [D]. 长春：吉林大学，2016.

[16] 陈涛. 数据库应用系统测试用例序列优化研究 [D]. 长沙：湖南大学，2016.

[17] 陈敬志. 基于云计算的移动医疗系统的设计和实现 [D]. 北京：中国矿业大学，2016.

[18] 杨俊伟. 基于云计算技术的电子商务系统设计与开发 [D]. 北京：华北电力大学，2016.

[19] 贾新宇. 基于云计算的 GIS 栅格数据存储与算法研究 [D]. 长春：吉林大学，2015.

[20] 周鹏程. 基于云计算的数据库关键词查询技术研究 [D]. 南京：南京财经大学，2016.

[21] 王珹. 基于 Hadoop 的云计算教育资源共享平台的设计与实现 [D]. 呼和浩特：内蒙古大学，2015.

[22] 邱磊. SaaS 应用多租户数据库模式映射机制优化技术研究 [D]. 济南：山东大学，2013.

[23] 彭桂华. Oracle 数据库优化技术在酒店管理系统中的应用 [D]. 长沙：中南大学，2012.

[24] 李晓丽. 数据库自优化模型的研究与应用 [D]. 太原：太原理工大学，2012.

[25] 尤沛泉. 基于查询图的分布式数据库查询优化算法的研究与应用 [D]. 长春：长春理工大学，2011.

[26] 罗光红. 分布式面向对象数据库的查询优化及应用研究 [D]. 成都：西南石油大学，2011.

[27] 孙树军. 基于 Oracle 数据库的性能调整及优化技术研究 [D]. 北京：北京工业大学，2011.

[28] 姚蕊. 船载海洋环境数据库系统性能优化方法研究及应用 [D]. 哈尔滨：哈尔滨工程大学，2011.

[29] 宋乃飞. 新一代数据库查询优化策略应用研究 [D]. 大连：大连理工大学，2010.

[30] 王琼丽. 数据库应用系统性能优化研究与实践 [D]. 北京：北京邮电大学，2010.

[31] 李江晖. 数据库性能优化及其在报刊信息系统的应用 [D]. 北京：：北京邮电大学，2008.

[32] 袁爱梅. Oracle 数据库性能优化研究 [D]. 上海：华东师范大学，2007.

[33] 宋海平. 大型应用系统中数据库性能优化的研究 [D]. 武汉：武汉理工大学，2007.

[34] 刘亚欣. 数据库查询优化技术研究及其应用 [D]. 大连：大连理工大学，2006.

[35] 张秉强. 数据库优化技术在海量数据下的研究与应用 [D]. 上海：同济大学，2007.

[36] 邹俊. 基于 Oracle 数据库系统性能调整与优化研究 [D]. 南昌：江西财经大学，2006.

[37] 于大伟. 基于 WEB 的数据库应用系统优化管理解决方法 [D]. 长春：吉林大学，2005.

[38] 王慧玉. 基于分布式数据库系统查询优化的研究与应用 [D]. 大连：大连海事大学，2005.

[39] 邵远山. 基于 DB2 数据库应用系统的性能优化 [D]. 合肥：安徽大学，2004.

[40] 胡杰. 数据库应用系统的性能分析与优化方法研究 [D]. 常州：河海大学，2002.

[41] 徐洪禹. 面向只读应用的分布式数据库的模型构造及查询优化的研究 [D]. 大连：大连理工大学，2000.

[42] 王会芳，武变霞. 数据库应用系统的性能分析与优化方法研究 [J]. 漯河职业技术学院学报，2018，17（05）：52 - 54.

[43] 王然. 数据可视化技术在教务信息数据库中的应用 [D]. 天津：天津职业技术师范大学，2018.

[44] 华啸天. 基于 Tribon 二次开发的数据库重构及应用研究 [D]. 大连：大连理工大学，2018.

[45] 徐赛. 实时数据库关键技术研究与工业应用 [D]. 成都：电子科技大学，2018.

[46] 陈迪. 云计算环境下内存数据库的应用与优化 [D]. 成都：电子科技大学，2018.

[47] 杨薇. SQL Server 数据库应用系统性能优化分析 [J]. 信息与电脑（理

论版），2017（24）：23－24.

[48] 何耀龙. 数据库在分布式管理系统中的应用及优化设计研究［J］. 信息系统工程，2017（07）：25.

[49] 罗刚. 数据库应用系统的性能分析与优化策略分析［J］. 科技视界，2017（18）：71－72.

[50] 潘永灿. 私有云构建中数据库的设计与实现［D］. 北京：北京邮电大学，2017.

[51] 叶宁. 数据库应用系统的性能分析与优化策略研究［J］. 计算机产品与流通，2019（03）：121.